WS
ウェッジ
選書

川は生きている

―川の文化と科学

森下郁子
【編著】

ウェッジ

序　日本の川文化を科学する

川は人の生活にとって欠かせない存在である。生活用水として、魚類資源の源として、舟による交通の航路として、運搬路として役立ってきた。また、多様な水生生物をはぐくむ河川は人間の文化の形成の一端を担ってきた。

河川は人が自然と身近に触れ合える場でもある。江戸時代の歌川広重の版画には水辺の美しい風景に人々が集う様子が描かれている。身近な川は遊び場として生活に密着していた。

しかし、近代になって、日本人と河川とのつながりは変貌した。高度成長期、工業の発展に伴う汚濁で水生生物の種構成が大きくかわり、人々を不安にさせた。経済発展と引き換えに生活の場としての川だけでなくイメージとしての豊かな川、美しい川も失ってしまったのだろうか。

われわれは豊かな川と共生できないのだろうか。

答えは否である。現代の生活体系でも豊饒な生き物と共生し、美しい景観を保ち、オープンスペースとして人々を楽しませる川は存続している。また、河川は復元、回復という手段により自然再生の気運が盛り上がっている。

この機に人と川の間を流れる歴史と展望をノスタルジックに恣意的にみるのではなく、科学的に追求し、河川本来のあり様を周知し、明日の河川の再生に一石を投じるための現状認識を共有したいと考えている。本書では、応用生態工学、河川工学や環境美学などの広い視点から河川を科学することを試みる。

第1章では、河川の生物に視点をおき生態学から河川を科学する試みを述べ、生物学的な客観的なデータで河川の特性を解析し解明する背景をさまざまな生物の例を挙げながら解説する。

河川の生物がどんな状態ですんでいるのか、どんなところに卵を産んで、なぜ海と河川を行き来するのか、生物間には何が起きているのか、など自然界のしくみを解明し、起こっていることがらから何が言えるかを説こうとした。これまで生態学では、自然の状態に人間の価値観を持ち込むことは避けてきた。どこの河川が「良く」、「悪い」のかは生態学から解答すべきでないと教えられてきた。アユがいる河川が「良く」、ブルーギルなどの外来種で占有された河川が「悪い」河川であるという評価にたどりついた背景も垣間みて頂けたらと思う。

応用生態学では魚がどうすんでいるかを解析し、どうしたら魚がすめるようになるか、堰ができて海と行き来ができなければ何が起きるかがテーマになる。

産卵の形態を区分けして魚の減少の理由がなぜなのかを解明するのは生態学だが、どうしたらもとの河川に復元できるのか、魚が卵を産める河川は再生されるのか、魚道をつけたり、土砂を移動させることで魚の生産を再生することを科学的に説明し、その土木的な手法にまで言及したうえで自然再生を解析するのが応用生態工学である。

生態学の土台の上に土木の手法で自然再生を試みるという生態学と工学をあわせた応用生態工学の立場で、河川の再生、ビオトープつくりなど豊かな河川は人と生物が共生できる河川であるという理念をかかげて、第一線で活躍されているのが島谷幸宏氏(第3章)である。さらに環境美学という視点を加えてシビックデザインを駆使し、河川と生活圏の共生を可能にしようとしているのが北村眞一氏(第4章)である。また、北窜かず子氏(第2章)は、人がいかに河川を治めてきたのかを、明治時代に活躍したシビルエンジニアの軌跡を紹介することで描いてくださった。
川・人・生物の関わりを、視点を変えて眺めることで、河川への認識を深めていただければ幸いである。

森下郁子

川は生きている——川の文化と科学

◎目次◎

第 1 部

川と私たち

第1章

川と生き物の科学

——豊かな川とは何か

森下郁子
（淡水生物研究所所長）

第2章

暴れ川・石狩川と岡崎文吉の思想

——川と人の壮大なる綱引き

北室かず子
（ノンフィクションライター）

第1章

川と生き物の科学

——豊かな川とは何か

森下郁子

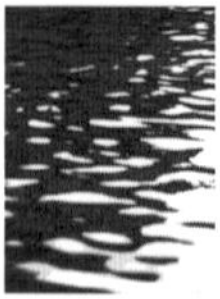

川の健康診断

◉川は環境のバロメーター

アマゾン川をはじめとして、筆者は世界中の川を調査・研究してきた。しかし、日本の川[1]のように多様性に富んだ川が多いところは他にない。このことは、日本が日本であり日本人が日本人であることと同様、河川の生物を研究してきた者にとってはとても嬉しいことであ

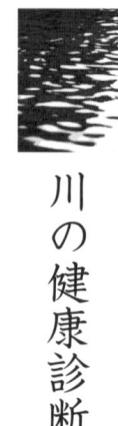

る。

日本は森林が国土の三分の二を占めており、小さな島国であるから、河川の長さは短く傾斜が急である。年間を通して降水量が多いから流量は十分あり、河川の中・上流域は流れが急で、下流域は流れが緩やかである。

日本の川の水質は昭和六〇年(一九八五)ころから目立って回復の方向へきた。私の最初の仕事は、河川がどれくらい汚れているかを生物をつかった判定で世に問うことだった。生物学的水質判定という手法である(『川の健康診断』NHKブックス)。その結果、一九七〇年代の生物学的水質は、都市部でかなり汚れている状態で、人口密度の低い山間部では「きれい」あるいは「まだきれい」な状態であった。

その後一九八〇年代に入ると、汚かった都会の河川がだんだんきれいになり、きれいだった田舎の河川がやや汚れた状態になり、日本全国どこでも同じような水質の河川になってきた。悪臭を漂わせていた真っ黒な都会の河川が澄み、清冽だった河川が汚くなった。

一九八〇年代の後半には、一見水質は回復してきたかのように見えても、魚類や底生動物

1　河川と川の違いは、川は「流れている」ことが背景にあるもので、社会通念に準じたどちらかというと文学的な表現を指す。

相の種構成が変わってしまった河川が多くなった。河川の魚類は、遊泳力があるから水底や泥中に生息する底生動物より、行動範囲が広く、河川や流域全体の形態に生態を左右されやすい。流域の土地利用によって河川や流域全体の形態が変化し、たとえば、これまで産卵場であったところが土砂で埋まったり、隠れ場がなくなることなどが原因になって生息できなくなる種がでてきた。

昭和四七年(一九七二)にスウェーデンのストックホルムで最初の「国連人間環境会議」[2]が開かれた。この時期は世界的に公害が問題になってきたときで「自然を残そう、自然の状態であれば良い」という、いわば〝自然教〟といえる自然へのあこがれが潜在化するきっかけが生まれた。一九九〇年代に入ると日本では河川の変化が表面化してきた。時を同じくして、平成四年(一九九二)にはブラジルのリオ・デ・ジャネイロで「環境と開発に関する国連会議」[3]が開かれ、環境に対して、深刻あるいは取り返しのつかない損害の恐れがあるとき、十分な科学的確実性がないことを理由にして環境悪化を防ぐ措置を先延ばしにしてはいけない(リオ・デ・ジャネイロ宣言 第一五原則)と提唱している。つまり、明らかに科学的根拠がないからと言って、科学者は不確実なものを放っておいてはいけないとしたのが、この地球サミット宣言である。これにより環境を研究する背景が変わった。ブラジル会議までは「検証できるものを個別に規制する」という姿勢であったが、環境を「システム全体で守る」という方向に変わったのである。この原則に基づき多様性が重視されるようになった。地球サミット宣言を受けて、日本では環境基本法が策定された。筆者は環境庁（当時）の委員として中央公害審議会を経て、環境基本法の策定に関わり、その過程で時代の環境に対する考え方が変わっていくのを目の当たりにした。そこで総合的に環境を測る手法がないことが河川の再生や復元に科学的な目標を定めにくくしていることに気付いた。それなら自分で評価手法を作ろうとＨＩＭ[4]（生息環境評価、Habitat Index, Morishita）を考案した。平成一〇年（一九九八）のことである。

◉川と生き物のための　○の条件

人の住んでいない山地の地点は除き、日本の河川の四〇〇〇箇所余りの生息場の物理的条件に着目して地点に生息する魚類や底生動物の環境要求度（その生物がすみやすい環境条件を求める

2　環境問題について開催された初めての世界的規模での政府間会合。通称「ストックホルム会議」。
3　国際連合の主催により、リオ・デ・ジャネイロで開催された、地球環境と開発をテーマとする国際会議。通称「地球サミット」。
4　川の物理的な条件と生物の関係を整理し、その上で生物がすむための条件をまとめ、生息場の評価の手法として提示したもの。筆者らによって作られ、日本の河川環境の現場で利用されている。

度合い）を整理して一〇項目に数値化したのがＨＩＭである。それには三〇年間以上のデータがもとになっている。ＨＩＭの一〇項目は、河川の生物の生息に欠かせない一〇の条件である。

（1）縦（上流と下流）のつながり
（2）河床の多様性（底質が多様か）
（3）水深の多様性（淵と瀬があるか）
（4）流速の多様性
（5）横方向へのつながり（細流・水路とのつながり・川の蛇行）
（6）垂直方向へのつながり（湿地帯や伏流水、地下水とのつながり）
（7）植物帯の存在
（8）水辺林の連続
（9）水面への光の当たり方
（10）撹乱の度合い

である。これらは大まかな条件であり、今後も整理が必要である。しかし、以上の一〇項目に着目して流域の状態を見ると日本の多くの流域では、これまでは上下につながりのあった河川で、改修や水利用の変化により上下のつながりがなくなった例や、蛇行していた河川が直線化され、流速の多様性がなくなった川の例など変化してしまった例が多い。

以下、一〇項目について説明をしよう。

1　縦のつながり

河口から源流までの間で、自然に存在する魚止めの滝や、人工的に作られた堰、魚類や底生動物の行き来を阻止するダムなど土木構造物の有無を問わず、水生生物の行き来が自由に行われていると考えられる地点は全体の七％であった。いいかえると、九割以上の水系でなんらかの不都合があり、川の上下（上流と下流）はうまくつながっていないのである。

川の上下のつながりが途切れてしまったことで行き来が妨げられ、迷惑を被っている生物は少なくない。アユやヨシノボリのように、産卵のために行き来する魚類以外に体長の大きい魚類は、長い距離を移動する必要があるため、川の上下を行き来している。

東日本から北日本はサケの生息域である。サケ域ではリンゴが実り、サケのほかワカサギがすむ。つまり暖かいところ（南方系）を代表する魚がアユで寒いところ（北方系）の代表魚がサケである。この本来の地理的分布も人が関わり変化してきた。いまや日本中にアユを放流し

図1　大規模化する魚道

魚道はだんだん大規模化してきている。大きく広げればいいのではなく、水の流れに変化があり、それぞれの魚類がそれぞれに適した流れを選んで遡上できることが大切である。

ていて、本来日本海に生息するサケがいつのころからか多摩川にも生息するようになり、生物学的分布域の境界線はなくなった。

サケは、よく知られているように、川で産卵し、稚魚が川を下り海で成長して、いずれ生まれた川にもどってくる回遊魚の代表種である。つまり、川の上下のつながりが切れることに最も敏感な生物の代表種である。

北米ではサケ科の魚類が遡上できるように、魚道をつけて遡上を促す事業が進んだ。階段状の魚道がつけられないところでは、エレベーター式の魚道で上流へ運んだり、船で運んだりと至れりつくせりのサービスである。しかしこうして川の流れをつなげればよいと早合点すべきではない。魚道はどれくらいだったら上れるか、上った先の溜水池でどうなるか等の検討が十分に行われていなければならない。川の上下が物理的につながったとしても長い時間がかかって制限された水域が簡単に回復するものではないのである(図1)。

2 河床の多様性——すき間は多いほうが良い

河床の材料は、岩、石、砂、泥など、河床の材質の粒度に違いがあることで、いろいろな生物がすめる場が形成されるのだが、砂だけだったり、石だけだったり、岩場が続いていたり、コンクリートだけのように偏っているところならば、そこに適した種類が数種すむだけである。

卵や幼生が利用する小さな砂が河床からなくなるということは、成虫が卵を産んでも卵が下流に流れてしまい、その地点にすみにくくなることである。魚類や底生動物が流されている間にほかの生物に捕食される。そのような場所では、時間がたてばそこは魚類の数も底生動物も減少してしまう。

強い汚濁による生物の減少は目で見えるが、この河床の変化による生物の減少は目に見え

図2　渓谷の風景
渓谷は人が遊ぶのには適しているが、水生生物が生育・生息するにはあまり適さない（岩に網を張って生息するユスリカやトビケラなどは生息する）。鳥が飛んでこなければ、魚類はほとんどいないと考えてよい。

にくく徐々に現れてくるので、同じ地点を比較しながら繰り返し調査し、注意深く観察していないと見逃してしまう。

ところで、風光明媚な渓谷では、人が思っている風景と実際の生物生息場環境は違っている（図2）。渓谷のように岩盤がずっと続いたところには、魚類も底生動物も少なくなる。通過する魚類や、回遊する魚類が群がっているのをしばしば見かけるが、岩盤では、ほとんどの生き物はすみにくく生息密度は非常に低い。岩盤は網を張った巣を固着するトビケラの数種とウスバガガンボ等少ない種類が生息するのみである。渓谷では、人は水の流れも水辺の景色も優れて美しいと楽しみ、きっと魚類も底生動物もここでは喜んでたくさんすんでいるだろうと考えるが、川の中をのぞいてもほとんど生き物はみあたらない。大型のコイやカメがのらりくらりしているだけだろう。もっとも人が嫌う虫すらも発生しないから、人は安心して弁当を開きピクニックを楽しめるのだが。

通常日本の川は、渓谷の上下流は河床に石礫がごろごろしたところが連なっている。石礫と石礫の間のすき間があれば底生物や魚類が生息する。石礫底の代表的な生物がヒゲナガカワトビケラのなかまである。ヒゲナガカワトビケラの成虫は一見ガに似た虫だが、幼虫時代を川虫として清冽で流れのある河川の石礫底ですごす。幼虫は川虫のなかでもかなり大型のほうで体長は二〇ミリにもなる。砂粒や植物残渣を連ねた巣を石礫面上や石礫と石礫の間に作り、口から絹糸状の粘液をだして細かい網をつづり、網にひっかかる流下有機物を食べている。ヒゲナガカワトビケラが好む川の汚れ具合は、ちょうどアユが好むぐらいである。この虫は、釣りをする人なら釣り餌としてなじみのある虫である。信州では「ザザムシ」と言い、カワゲラと共に佃煮にして食べている地域もある。ヒゲナガカワトビケラは大型で物理的に空間を占めるから、これらが生息する河川では、他にすんでいる種が目立たない。ヒゲナガカワトビケラは、清冽で流れのある河川で、石礫が砂で埋まらず、ごろごろと自由に動く河川に生息する。つまり、河床にたくさんすき間のある状態が生存のために不可欠なのである。河川の石を持ち上げて、その石と隣の石がひっついたようになって持ち上げにくいときはヒゲナガカワトビケラの巣があるはずだ。ところでヒゲナガカワトビケラの多い河川はアユのいる河川でもある。アユがいるから良い河川、いないから良くない河川というわけではないが、日本ではアユが一番よく知られているから河川の話をするときに通じやすいのである。

河川の水筋を安定させるためにコンクリートの三面張りにすると、生物のすむ水底に石礫や土砂がとどまらない構造になる。三面張りの水路は岩盤がむき出しになったところとちょうど条件が同じである。川底に砂礫がないことは、日本の渓流性の生物がすむ場所としては致命的で、魚は通過できるが定着しない場所になる。

ところで、三面張りが景観面で問題があるのなら、なぜいけないのかを管理側から、生物学的あるいは、土木的に考えていくことだ。いつもちゃんと水が流れる、土手の草刈りもしないでいいなど、人にとってのメリットは十分にあるが、河川にすんでいる生物にとってのマイナス面をどう補うかである。三面張り水路でも土砂を河床に入れれば、流れも複雑になるし、生物も定着する。ただし洪水のたびに砂礫は流れるから、洪水が落ち着いたら土砂をもとへ戻すことを繰り返していく手間がさけられない。

3・4 水深・流速の多様性——淵と瀬があるか

瀬は白い波がたつところである。淵はくぼんだ深みや岸に沿った深みである。流れがあっても白い波がたつほどでなければ平瀬とよんでいる。アユを一日中観察すると、日中、瀬で付着藻類を食《は》んでいるが、夜間は淵で眠っていることに気付く。これはアユだけでなく多くの川魚の特徴で、河川の多様な環境を生活サイクルによって使いわけているのである。

アユが瀬と淵の両方がないと生存できないことがわかると、瀬と淵の両方を具えた川が良い川であるといわれるようになった。多自然型川づくり[6]では瀬と淵を造成することが必須になった。多自然型工法と称して、石礫が動かないように河床の石礫を固定した瀬や、不自然な場所に深みをつくるなどやや行き過ぎた工事がみられるようになってしまった。

こうした不自然な人工の河川環境は、大型の台風がくると、予期せぬ結果を生む。河川の

5　景観、風土、風景ということばがあるが、景観は現代的な評価であり、風土は時間がたって生活に裏づけされたもの、風景はもっと時間がたって歴史をも包括したことばとして使っている。

6　河川全体の自然の営みを視野に入れ、流域の暮らしや歴史・文化との調和にも配慮しながら、多様な河川環境を創出するための河川管理を指す。

自然の力は活かされず、人間があとで加えたものは失われてしまう。洪水がきてもまたもとに再生・復元する川の潜在力を技術者が読みきれないのか、自然再生が何のためか目的が理解できていなかったことによるものだろう。

つまり、公園を造園するようには多自然型川づくりは進められないのである。それぞれの川が独自の特徴をもっていて生き物がライフスタイルを変えて生きていることを認識し、治水や利水が河川管理の中心であった時には無視されていた瀬と淵を生物の環境面から注目しなければならなくなったのである。

この二十〜三十年間、土木はどの川にも共通する技術の開発を進めてきた。多自然型川づくりも、多様な生物が生きる川づくりを最良の目標にしていたが、目標だけが先走ってしまい、もともと早瀬や淵がないところにまで、瀬や淵をつくろうとしてしまった。そうした失敗は、「この川では淵の深さはどのくらいで瀬での流速はどのくらいがよいか」など淵や瀬にどんなことを期待するのかが明確でなかったことが原因である。

勾配のない平地流の都市の川に淵や瀬をつくることは土台無理なことで、無理やり改変すれば、それまで瀬や淵がないから生息していた魚類や底生動物はいなくなり、結果的に水草だけが茂る川をつくることになる。京都の鴨川も一時的にそのような川になったが、幸いなことに大きな洪水がきて土砂が動き、結果的にもとの瀬や淵のない川に戻ってきている。

また、河川の水量が季節によって大きく変動することも忘れてはいけない。一般の人は目の前の水量はいつも同じであるように考えがちだが、技術者の目標はこれまで流量は洪水時と渇水時をできるだけ平均化することのようだった。たとえば、降雪地域では、春の雪解け水で河川の流量が増す。また、田植えの時期には河川の水量が減り、台風シーズンの秋には増水する。上流のダムで水量の変化を予測し、洪水が起きないよう調節している。水量の変化がなければ生物はリズムを失う。季節の水位変動は、水生生物に季節を教え、繁殖活動を促す。水が減ると田んぼに移動する種や、増水すると産卵活動のため上流へ遡上する種や下流へ下る種など、種によってまちまちだが、水位の変動は生物に刺激を与えていることは間違いない。だから、瀬がないのが通年の現象なのか、たまたま季節によるものなのかの判断も大切である。

瀬や淵にこだわらないで、川の中がバラエティーに富んでいること、水量や水流の変化で季節感を忘れさせないことが必要と理解し、川が自ら再生復元できる機能を導き出すために河川を改修する工法の開発が必要なのではと考える。単に形としての瀬があり、どこにでも淵があることが必要なのではない。それぞれの川で長い時間の末に自然にできあがった淵や瀬であればその存在は重要である。人の手が加わったことによりもともとあった淵や瀬がなくなってしまったのであれば、もとの状態に戻すことは意味があるかもしれない。しかし、もともと淵がないところに淵を造成しても埋まってしまう可能性が高い。だから、それぞれの川でどうあったらいいのかはよく検討されていなければいけないと反省すべきであろう。このあたりで瀬とは、淵とは何かを定義して、瀬と淵についての機能や構造について土木的に共通の認識を構築したい。

5　横方向へのつながり——川の蛇行

川が横方向へつながっているということは、直線的に流れるのではなく、ところどころで蛇行したり、分流したり、水路や支川とつながって川の水が横に広がることができることである。

川は蛇行しているほうが自然らしい、と考えられ、直線の川を蛇行させることがあちこちで行われていると聞く。川を蛇行させたら自然が戻ってくると信じている人が多いのではないか。ここでも、現地の状況を把握し、どのような蛇行があっているか等を生態学的に検討することなしに工事にかかってしまうと、多自然型川づくりで経験した失敗を繰り返すことになる。何のために蛇行させるのか(目的)とそれに見合う技術がなければ、事業化すべきではない。川は、本来は洪水のたびに削れ易いところが掘削され、自然に蛇行する。しかし、人間は川を人の生活に合わせるために、川を直線化して利用してきた。直行河川では、流れが均一になり蛇行していたときよりも生息する魚種や底生動物は限られる。これは蛇行している川を直線化したときのデメリットであるが、直線化した川を蛇行さえすればもとの川に戻るわけではないことがわかっていない。

大陸は広大で蛇行によっていくつもの三日月湖や大きな湾入部をつくる余裕がある河川が多い。湾入部に二〜三カ月もの間、滞留して成熟する魚、いってみればそれだけの時間がなければ産卵できない回遊魚が生息できる環境である。しかし、日本では、直線化して時間が経過したところを蛇行させたとしても水深と流速の変動を確保できないことなど、いろいろ難しい問題がでてくる。

北海道の釧路川などでは、水量に比して川幅が小さく、珍しくクリーク状(小さな水路状)になっているので蛇行の効果は表れ難い。釧路川は大陸の河川の形態で日本ではまれな存在である。もともとどちらかというと直線的な日本の河川では、生物はそれに対応してきている。以前蛇行していた川が直線化された場合は別問題だが、もともと蛇行していない川を蛇行さ

図3　高水敷
上の写真のほうは、いずれ水際のところに土がたまり、植物が茂って水生生物に利用されるようになるが、それまでの間は生物が定着しない。魚類も通過するだけである(太田川)。下の写真は高水敷を下げて自然再生を試みた場所。水辺があり小さな魚類が工事後すぐに見られるようになった(猪名川)。

せる必要はない。よその川が蛇行しているから、とその真似をしても同じ結果が得られないのが自然を特に生物を相手にする事業の難しいところである。

せめて河道の中で流れが自由に変化するぐらいに川幅を広げることが可能になったら川筋を曲げなくても生態学的には十分である。真っ直ぐの川であっても、流れが直線的でなければ、生息場は多様になる。水生生物は発育の各ステージで生きる場が異なるため、生息場の多様性が高くなりさまざまな生活史のなかで生息が可能になるからである。

川幅を大きくすることは、今の日本の状況では難しいが、せめて高水敷《こうすいじき》[7]を低くして、流れの自由度を大きくすることで、土砂の流動が可能になれば、生物の再生と復元が望めるだろう（図3）。

水生生物には砂礫があると同時に、落葉のたまる場所があることも重要である。この両方が産卵に必要であり、卵を産んで子育てができれば生活史は維持できる。近年、コンクリート護岸の前に土を盛る工法が生態系に配慮しているとして奨められているのはこうした理由による。

7　複断面の形の川で、平常時に水が流れている低水路よりも一段高い部分の敷地。平常時には野球グラウンドやゴルフコースなど、いろいろな目的で利用されているが、洪水などがあった時には水に浸かることもある。

河川の周辺に土がないと生活史が続かない生物の例にゲンジボタルがある。ゲンジボタルの幼虫は、流れがやや緩やかな中ぐらいから小さな河川で両岸に石積みがしてあるようなところに生息している。河川の周囲に樹木が茂り、日中でも水面が影になっているところで水質は清冽というより、田んぼの水が流れこみやや汚れているところを好む。幼虫は、河床に生息する巻貝のカワニナを食べて大きくなり、蛹《さなぎ》になるときには、両岸の土のところにもぐりこむ。成虫に羽化すると、日中は水面を覆っている樹木に止まり、日没後、オスはおしりの発光でメスによびかけ生殖活動をする。田んぼへの水路にも生息しているから、田んぼから河川へホタルの光がつながっている光景がみられる。

水辺に植物があれば景観はよく見えるが、人の造った芝を植えた堤ではホタルやヘビトンボが蛹になることはない。小さなサイズの底生動物からすれば、そこはただ広い草原で、とても親になるための身を置く場所ではない。直線になったコンクリートの護岸を土で芝の生えた堤防にすればいいと考えないでほしい。人には親しみのある形態でも、費用をかけただけの生態系の再生・復元はあまり期待できないからである。

日本の川の特徴のひとつに河川と水田という人工的な湿地帯の密接な関係がある。水田と河川の関わりは人間の行動が河川の横のつながりを広げた例である。水田に水を引くために水路が作られ、河川の生物の横の動きを支えてきた。人間がダムや河道整備で流量をコントロールする以前には河川は自由に蛇行し、豊水時には自由にあふれて河川の周囲に湿地帯や池沼を作っていた。水田はちょうどこれらの湿地帯や池沼の代替となる環境と考えてよい。

水田により横に広がった河川を利用している生物にオオサンショウウオがある。オオサンショウウオは、日本の一部の河川の上流域に生息している。体長が一m以上にもなり、日本の淡水の両棲類のなかでは最も大きい。オオサンショウウオは、日中、河川の深みや岸のくぼみに潜んでいるが、夜間行動を開始する。河川の魚類や底生動物のほか、カエルやドジョウなどの田んぼの生物も多く食べている。生息地を調査すると、必ずといっていいほど、田んぼが近くにある。

河川と田んぼを行き来している生物は、オオサンショウウオだけではない。ドジョウ、タナゴ、アユモドキ、ウナギ、フナ、オイカワ、カマツカ、ヨシノボリ、ナマズなど、多くの魚類が行き来している。これは、これらの生物が人間の田んぼの開拓に伴い、生活史を適応させてきた結果といえる。もちろん、これらの生物の多くは祖先がもともと大陸で湿地帯とつながった河川に生息していた。日本では、下流域の湿地帯に生息していたものが、田んぼの開拓に伴い、田んぼを湿地帯の代替地として使うようになった。

6　垂直方向へのつながり――湿地帯や伏流水、地下水とのつながり

河川の垂直方向の水の動きは、河川の水が地下水と行き来することを表す。さらに河床に石、砂が混じって多様性があることは河床の下層域にも十分に酸素が行き届くことになる。この河床の下層、間隙層とは、河床から地下水までの層を指すが、間隙層は有機物や無機物の貯蔵庫で、水生生物のゆりかごになっている。魚や底生動物の多くの種類の幼生（孵化してから親になるまで）は、間隙層で育つ。ミクロな甲殻類や原生動物、バクテリアもいる。また、魚類や底生動物が卵を産めば、その卵は河床の砂の間でしばらく生活する。短くて一週間、長いのでは半年、ユスリカやイトミミズになると一年もの間、間隙を生活の場にしている。産み付けられた卵が砂洲や砂があるところにたどり着くと、そこでは水が伏流していて表層から下層に流れている。垂直方向の水の動きは目に見えないものだから忘れがちであるが、決して無視できない。

湧き水は、垂直方向の水の動きを代表する水である。地下から湧き出してくる水は、冷温で酸素を多く含み、多くの生物の好む生息場になる。日本の里山、中流域から下流域にかけての平地流では、シマドジョウやトゲウオの仲間、オヤニラミやヨコエビ類など、湧き水がないと生きていけない生物は多い。

垂直方向の水の動きをなくす要因のひとつに茂りすぎたヨシ帯がある。ヨシが茂って川を占有することの弊害は、ヨシが茂れば土砂が動かなくなり、魚類や底生動物が卵を産んだり、仔魚や幼生や小さな生物が生きていくすき間がなくなることにつながる。これは、河川の生物・生態系にとっては致命的である。

砂があれば、表面水が砂礫の間の穴を流れる。砂と砂とのすき間が大きければ大きい動物が生息する。小さい生物はすき間が大きければ流れてしまう。小さければ小さい動物が定着する。それぞれの生物の産む卵や体の大きさに合ったサイズのすき間が必要なわけがここにある。卵でも幼生でも生物は穴があまり大きいところでは落ち着かない。それぞれが自分の身の丈に合ったところを好む。二㎜の生き物だったら、せいぜい三倍の六㎜ぐらいの穴が、ふさわしい。六㎜のすき間があるということは、そこに八㎜とか一〇㎜ぐらいの石と、それよりも小さい二㎜の石が混ざっていて、六㎜のすき間ができる。その六㎜のすき間があると、二㎜の卵や幼生が定着しそれより大きなものは入ってこないので、食べられる心配がなく安心なのである。

すき間は、ひとつひとつ大きさが違えば、違う大きさの生物がすむ。幼生が流れに出ていくまで、卵が孵化して仔魚が泳げるまで、川の流れに出てきても流されないような器官ができるまで、すき間で生活している。

生物は群れで生活するから、同じようなすき間がまとまってあることが群れを維持することになる。流れに対して流されない付着器官ができれば、石の表面に泳ぎ出てきて、這ったり泳いだりする。こうした器官ができるまでの間、だいたい三日から六カ月もかかるが、それだけの時間まで、すき間にすむことができないと生活史を完結できない。その地域からその生物が失われることになる。

7 植物帯の存在

水生植物の群落がある小河川は、かつてコブナやメダカの小川であった。田んぼと川をつなぐ水路にも水生植物群落ができ、タナゴやトンボがすむ場所を作っていた。水生植物群落が問題になるのは、富栄養化した水域で水生植物が増殖し、夏季、水温が上がる時期に酸欠状態を引き起こすことである。植物は光合成をするから酸素を作っているが、植物も生物であるから常に呼吸をしている。夜間には、光合成より呼吸量のほうが多くなって酸欠状態を引き起こすことがある。植物にとって迷惑なのは、こうした川にすんでいる魚類で、彼らが深みに潜んでいたら溶存酸素量(水が含有する酸素量)が足りなくなってしまうのである。

日本の河川にもともと生息していて、水生植物帯で産卵する魚類のなかにオヤニラミやトゲウオのなかま（イトヨ、トミヨ、ハリヨなど）がいる。オヤニラミは西日本の比較的大きな河川、トゲウオは清冽で冷温な小河川に生息する。両グループとも地下水が伏流し、夏季でも水温が低く、溶存酸素が欠乏しにくい水域を好む。

水生植物帯と同様、注意しなければならないのは、ここでもまたヨシ帯の存在である。湖と川とではヨシ帯の生物に及ぼす影響が異なっている。湖では湖畔の水位の上下を緩和し、小さな生物がすみやすく、また仔魚の逃げ場になり、生物の生産を担う。また、ヨシが生えるとヨシキリに代表される鳥の生息場になり、また陸生の小動物のすみかになるためプラスのイメージを持たれることもあるだろう。湖畔に茂ったヨシはヨシズなどに利用される資源であった。ヨシが茂っている水辺の景観は日本人の里山の原風景として見なれたものだからヨシ原があることが安心につながっていく。

ヨシは汚れた水の栄養塩を吸収して、水質を浄化する機能をもつ。このヨシの浄化作用の研究は琵琶湖などで活発に進んだ。たしかに、栄養分を吸収したヨシを刈り取ることで水中の余剰栄養分を水域の外部に出すことができる。ただ、これは主として湖でのことである。川でのヨシの問題は水量の確保と生態系から見た生息場の視点で見ていきたい。さらに、前述のとおり、ヨシで固められてしまうと河道の底質が動きにくくなって土砂の流動がなくなり動物の生息場であるすき間が少なくなることも問題である。

湖や河川の中流部から河口にかけての勾配がなくなった沖積平野では、ヨシは本来の植生なのでヨシ帯は好ましい景観だが、上流域ではちょっと困ったことになる。上流域の渓流部はもともと土砂が流れ、ヨシの茂る余地のなかったところだから、ヨシのない環境に適応した渓流性の生物がすんでいる。上・中流の渓流部までヨシで埋まってしまうと困ることが起きる。

ヨシが茂って川底が見えないぐらいになると、川幅いっぱいにヨシで緑の河川になる。そんな水が見えない河川がダムの付近の砂防工事の進んだ河川で特に目立つ。

ダムで水を三トン放流するとしよう。ヨシの茂った河川を一〇km流れていけば、だいたい表面的な流量は三分の一くらいの一トンぐらいに減るところが多い。それは、ヨシが流れている水を吸い上げて、流水量を減らしているからだ。ヨシが河川の中に茂りすぎると流量を吸収しすぎることでもあるのだ。

近年では洪水の対策として改修が進んで河道が安定してきた。しかし、大阪の淀川では木津川、宇治川、桂川の三川から流れる、三川合流のところの流量を計算すると、その流量が枚方大橋のところまできたらどうしても合わないということがあった。枚方大橋地点の淀川の流量が、三川の流量の合計にどうしても満たないのだ。これは、ヨシや樹木の吸収と蒸散によるロス分だと考えられる。ロス分を計算したら流量の損失分が判明するのではないか。

ダムの下流では上流から土砂が供給されなくなると河床に砂がなくなる。砂がなくなって、ヨシが茂りはじめ根っこが浮き出してくると、ますますヨシが茂り、やがて河床を埋めてしまう。ヨシの茂ったところにはアユが泳げるはずがなく、フナでさえヨシの中は泳げない。ヨシがなかったときに比べると、魚の数が十分の一から百分の一に減ってしまう。そして、そのヨシ原のあるところで取れる魚には、体形異常が目立つことに気付いた。

ヨシが茂ればそれが隠れみのになって、泳ぎの下手な魚も鳥に捕食されないのだ。小さな魚にとって、また弱い魚にとって好都合な条件をヨシ原がつくっている。体形が異常で逃げることが下手な魚でも生き残れる場所になっているのである。このような状況は自然の川ではなかなかできない。

こんな異常な状態が各地の河川で見られることがある。日本の河川では中・下流の蛇行した沖積扇状地にヨシ帯ができるがそれでも河原に生えていたのは、カワラナデシコやフキで、それがどんどんヨシ帯に変化していった。そして、今や上流でもヨシが茂って河川全体を占有するところもみられる。木津川でもずいぶんヨシが流心まで入り込んだ。鳥の愛好家は、「貴重な自然だから、ヨシ帯を刈らないで」というが、実はヨシ帯は、日本の本来の河川の姿ではないことを理解してもらえないことがある。河川の本来の姿がどうなのかの認識がまだまだできていないからだと思う。

上流で砂防工事をしなければならない河川は、水が石礫と石礫との間を流れていて、ごろごろした石は礫底が不安定で、ヨシが茂る河床ではない。ところが、六甲山や葛城山系の砂防ダムの下流の河床では、ヨシで埋まって、水が流れているかどうかさえわからなくなっているところがある。そんなところにはとても魚や虫は多くすめない。

環境事業が、河川が本来の姿を取り戻すことを目的としているのだとしたら、ヨシを撤去して河床の砂礫が動きやすい河川になるような改修を進めていただきたい。

8　水辺林の連続

水辺の森林は、陸上からの有機物が河川に入り込む経路をつくっている。水辺林に囲まれた河川の魚類の食性を調べると、多くの魚類の消化器官内から陸生の生物が検出できる。魚類のもともとの食性が「雑食」であれ、「昆虫食」であれ、また「魚食」とされる種でも消化器官内には陸生の昆虫が多数含まれることがある。樹木から落ちた虫が河川の魚の餌食になっているわけだが、実は、落下昆虫は、清冽で河床に底生動物が少ない河川、すなわち上流部のイワナやヤマメの生息する水域ほど魚類の栄養源として重要であることが明らかにされた。このように餌を供給する水辺林は河道内にあればいいのではなく、木が水面を覆うことに意味があるとおわかりいただけるだろう。それだけでなく、水辺林が連続してあることの意味は底生動物のうちの大部分を占める水生昆虫の生活史に関わっていることである。

水辺に木があれば、山から吹きおろしてくる風が水辺林の下では下流へ向かって吹く大きな流れになり、反対に、上流へ向かって吹く微風も起きている。その微風こそが羽化したばかりの水生昆虫の成虫を上流へ導く重要な役割を果たしているのである。なぜならこのように羽化した水生昆虫の成虫が上流へ上流へと飛翔する傾向——水生昆虫の上流志向と呼んでいる——があるからこそ、川から水生昆虫がいなくならないと考えてもよい。その証拠に川が切り開かれて水路化した部分が長く連なってしまうと、羽化成虫は水面上の強い風に押し飛ばされてうまく上流へ向かっていけなくなる。そうして次世代の水生昆虫の現存量が目にみえて減少する。

魚類にとっては餌の供給の賜物として、底生動物にとっては上流への遡上の道として、さらにもう一つは、水辺林が存在するところは水深が深くなっていたり、水辺に影を提供することで、川の機能が大きくなる。このような場所には釣り師が近づかないために、魚にとっては逃げ場になっていることもある。

9　水面への光の当たり方

水辺林によって河川の水面に影ができる。影は、鳥類などの外敵から水中を見えにくくし、魚類や底生動物の隠れ場を提供する。それと同時に、最も重要なことは、影ができることで、一日の水温の差が比較的少なくなることである。一日の温度差が大きいと、アマゴやイワナのような渓流の生物はストレスを受ける。

河川の上流のアマゴやイワナの生息する河川で水辺林が切られて明るい河川になってきた。明るい水面が好きなアユ釣りには漁場が増えて喜ばれているが、イワナやアマゴの釣り師には不評である。水質には変化がなくても水面に光が当たるか当たらないかは生物のすむ河川の機能に大きな違いを生じさせる。データによると、イワナのなどの渓流魚は一日の光のあたる時間が六時間前後、アユなどの南方系の魚類は一二時間以上、水面に光が当たっていても平気なようだ。同じようなところにすんでいるオイカワやアブラハヤ、カワムツではオイカワがアユ型であり、アブラハヤやカワムツはイワナ型である。

ドジョウは種類によって明るいのが好きとか暗いのを好むという違いがある。一般には石礫に生息するドジョウが明るさを求め、泥や淀みに依存しているのは暗さを志向するようだが、そこに生息する優位な相手とのすみ分けによるところが大きいらしい。

日本は西日本から南日本にかけてミカンがあり、お茶の木やツバキが育つ照葉樹林帯が広がる。この照葉樹林帯はもともとアユが生息する領域である。アユが絶滅したところも多いが台湾、中国、ベトナムまでアユの分布域である。

アユは秋に河川の下流域で生まれ、冬の間は陸からあまり離れていない沖合のせいぜい三kmぐらいの沿岸域で海のプランクトンを食べて育ち、翌春、三〜五cmくらいになると河川を遡上し始める。このころ川辺では桜の花が咲いている。河口の河川の水温が海水温と同じになっている。河川に遡上してきたアユは石礫についている付着生物(主に珪藻類などの微小な植物)を食べ始める。ここで食性が動物食から植物食に変わるアユのすむ場所は、アユの体の大きさの二倍以上の石礫があり、石礫の上にぬるぬるした付着生物が育ち、流れがあるところである。石礫の下にアユが首を突っ込んだら、頭から体が入れるようなやわらかい砂があることが生息場条件の一つである。アユはそのような場所に縄張りをつくる。縄張りをつくるところは、外敵から自分の身を守る環境があること、餌があること、その上に、水質がほどほどであることである。ほどほどというのは、清冽すぎて付着藻類が育たないのではなく、ほどほどの栄養分があって石礫の上に藻が常に再生産されているような場である。水質が汚すぎるとバクテリアがたくさん生産されるので、アユは近づかない。

水辺林が取り除かれたところでは、河川に光が当たる面が増え、石礫の表面に生える付着藻類が繁茂する。すると、アユのように、付着藻類を餌にする魚類は生産性が上がる。アユは、付着藻類を食べ始めると急激に大きくなって、その成長の度合い(時間あたりの成長量)は、世界の五千種くらいの淡水魚の中でも最も大きい方といわれるほどである。アユは付着藻類に依存し、開けて光の当たりやすい川を好むのである。逆に、アマゴやイワナなどの渓流魚にとっては、付着藻類が増え、それらを食べるアユやオイカワが侵入すると、生息場を追われることになる。渓流の底生動物は、多くが他の底生動物を餌とする肉食者や、流れてくる有機物を集める「集め屋」が多い。これらの多くは、落ち葉の溜まった流れの緩やかな溜まり部分で餌を探している。しかし、珪藻の付着生物が繁茂すると、底生動物は付着生物をはいで食べる「こそぎ屋」が増えてくる。「こそぎ屋」にはヒラタカゲロウやヒラタドロムシのように石の面にぴったりはりついて生活しているものが多い。つまり、水辺林がなくなることで水の中では魚類だけでなく底生動物も河川の中での位置が自然に変わってしまうのである。落ち葉溜まりの底生動物や落下昆虫を食べる魚類は、石にぴったりはりついているヒラタドロムシのような昆虫は食べにくい。渓流魚は、水辺林がなくなると餌の面からもまたしてもすみかを追われることになる。

10　撹乱の度合い——堰や頭首工で生物が得したこと

撹乱とはなにか。天然の撹乱は、台風や暴風雨、地震などの災害である。人工的に河川が撹乱を受けるのは、ダムなどの人工構造物で水の流れ方や河川の形態が変化してしまうことである。また、外来種が入り込むことも撹乱である。

外国から侵入してきた外来種のブルーギルなどは、植物帯で産卵するが、溶存酸素が低い状態でも比較的耐える生理機能をもつ。夏季に水温の上がる水路でもみかけることがあるだろう。もっとひどいのは、カムルチーやタイワンドジョウである。カムルチーやタイワンドジョウは、鰓《えら》の上部に上鰓器官《じょうさいきかん》をもち、空気呼吸を行うことができる。そのため、水中の酸素量が減少しても水面に浮かんできて呼吸する。水生植物が繁茂し、ムンムンと腐ったにおいのする水域でも平然と生きていけるのである。

これらの外来種はどのようにして入り込んできたのか。一つは他の魚に混じって入ってきた。日本では、長い間河川が川魚を中心としたたんぱく質の供給源だったから、川によそから魚を持ち込んで魚を増やす増殖漁業の考え方は当たり前であった。琵琶湖産アユを全国の河川に放流するようになり、そのアユ苗に混じっていろいろな琵琶湖産の魚類が全国の河川で見られるようになったのがいい例である。

もうひとつの経路は初めから釣りの対象魚として放流された場合である。代表的なのが通称ブラックバスである。かつてブラックバスといわれていたのはオオクチバスとコクチバスの二種があるといわれている。オオクチバスは人工的な水域でもどんどん増え、入れるつもりでなかった水域にも広がり、在来種を食いあらすために駆除することになった。オオクチバスを増やさないようにするには、オオクチバスが卵を産めないような環境を作るのが手っ取り早い。そこでダム湖で春先に卵を産む場所で水位を低下させて、水をなくしたら産卵できないだろうと考えた人がいた。ダム湖の湖首に定置網をかけ、春になってオオクチバスが産卵をする時期に水位を下げると、オオクチバスは卵を産めず、個体数が減少した。春から夏に産卵するから、最初の二年間は春から夏に水位を下げたのである。ところが、通説では、春に卵を産むはずのオオクチバスが三年目になって水位が回復した秋に卵を産んだ。通説が通らなかったようだ。図鑑や書籍には春に産卵するとあるが、どこの河川でも通用するわけではないようだ。このように環境に対応できることが、外来種が増える大きな要因のひとつなのだろう。そこの河川ではそうだったが、違う河川ではそうだとは言えない現象を生物の河川文化と呼べるだろう。ライフスタイルを変更し新しい環境に適応する力が強いのは、外来種という、よそから入ってきた生物が持っている特性である。

侵略をする生物の生態は、生まれ故郷と新天地では異なっているようである。生まれ故郷では単一種が栄えることはないが、外国では、単一種が我が世の春を謳歌するように見える。だが、その強い種でも、新天地で限りなく栄えるわけでもない。増えすぎて歯止めがかかる場合もあるし、だんだん減って、自然消滅の方向をたどる場合もある。植物ではセイタカアワダチソウがだんだんと日本古来のススキに代わっているのがおわかりだろう。もっともオオクチバスのような大型のものとミクロなものでは外来種でも現象が異なっているが、そのものがいずれなくなるのではなく新天地に合った大きさ、合った食性に落ち着いていくようである。

ダムは河川の自然を撹乱する。前述(川の上下のつながり)のとおり、ダムが河川の縦方向の流れをせき止めてしまうことで河川と海を行き来する生物は困ることになった。河川で生まれて海へ下り、海で大きくなってまた河川を遡上する生物の代表的なのが前述のアユである。このアユは、意外に適応性がある。

そのアユの特殊性を理解するには琵琶湖のコアユの話を抜きにはできない。琵琶湖のアユは、河川のアユと同じ種でありながら、見かけからして異なっている。河川のアユは前述のとおり、河川で付着藻類を食べて一八〜二五cmくらいまで大きくなる。しかし、琵琶湖のアユは、成魚でも体長が六〜九cmくらいにしか大きくならない。人間の赤ちゃんは母乳から離乳し、固形物を食べるようになって、体がしっかりしてくるが、琵琶湖のコアユは離乳前でまだ母乳を飲んでいる乳児の状態のようである。琵琶湖のコアユは湖内の微小な動物プランクトンを食べている。ステージによって異なるがワムシやミジンコが主な餌である。そのため湖の動物プランクトンの挙動が翌年のコアユの生産量に大きく関わってくる。

琵琶湖のアユを川に移動させれば大きくなるのではないかと推測し、確かめられたのは東京大学の故石川千代松先生(一八六〇〜一九三五)である。私財をなげうち、琵琶湖のアユの稚魚を多摩川に運んで成長するかどうかを実験された。実際、先生の推測どおり、琵琶湖のアユは河川では大きく成長し、琵琶湖と河川のアユが同じ種であることが確認されたのである。

またアユは美味で水産資源として価値が高いため、養殖することが早くから検討された。三重大学（当時）の伊藤隆先生らはワムシの研究を進め、養殖が可能になるまでは仔魚の養育に苦労された。

アユが成魚になるのには、河川では珪藻類（石礫の表面に付着する藻）を食べ、養殖場ではその上にたんぱく質を加えたものを餌にして養殖し、湖やダム湖ではプランクトン食で小さいサイズのままで成魚になる。実用的な養殖の結果と河川での調査・研究から、湖の中で大きくならない制限要因は、湖では餌が不十分だからだ、となった。また河川では縄張りをつくり、食性が変化していることも体が大きくなる理由の一つとわかったそうである。

いってみれば、琵琶湖のコアユは陸封型[8]である。琵琶湖のコアユも河川のアユも同じ種であることが確認されているから、河川のアユもおそらく陸封化された環境に適応する遺伝子をもっていることになる。その事実を裏付けたのは、ダム湖で越冬するアユの発見である。

河川のアユは秋に下流で産卵し、孵化した仔魚は海で冬を過ごす。琵琶湖のコアユのよう

8　淡水魚のなかには、本来川と海を行き来していたものがいる。そのうち、一生を淡水域のみで過ごすものを「陸封型」、海に下るものを「降海型」と呼ぶ。アユは本来、孵化すると海に下って冬を過ごした後、春に川へ戻ってくる。しかし、アユの中には湖を海の替わりとして生活する集団があり、これらは陸封アユと呼ばれている。

に、冬の水温が七度以下にならない熱帯湖では海に降下しなくてもダム湖で越冬することが明らかになった。ダムが日本中に建設されはじめたころ、ダムの上流域のアユが海に降りられなくなってどうなるのかが問題であった。突然できた人工の水域であるダム湖でアユが湖と同じように越冬するか、その挙動にアユの研究者はもちろんだが、水産関係者もダムをつくる側の土木関係者までもが注目していた。すると、一九七〇年代に入って大分の芹川ダム湖で、次に山口の木屋川のダム湖でアユが越冬し、仔魚が育っている実例がみつかった。河口に下らないアユの個体群が西日本のダム湖で生産され、越冬することがわかったのである。今では西日本のダム湖のほとんどで水温の高い年にはアユが越冬していることが常識になった。近年、兵庫県の一庫ダム湖でもアユが陸封されて、育った仔魚がダムの上流から漁協によってダムの下流に運ばれるという珍現象が起こっている。だからといってダムを作っても大丈夫というわけではない。アユが意外に適応性をもつことを指摘したいのである。

アユは熱帯、亜熱帯性の生物だから、陸封される条件は、冬の間の水温の七度が制限要因である。冬でも七度以上の水温であれば、ダム湖で冬が越せるのである。七度以下になってしまうと冬を越せないが、これは北方系生物と南方系生物の制限要因が水温によるためである。北方系の生物の制限要因は、夏の温度で二五度以上になるとすめない。

東北地方にはたくさんの湖があるが、琵琶湖のようにアユが陸封されなかった理由はこの辺りにあるのだろう。アユは水温八〜一七、八度の幅を広げることを解決できないまま、日本の河川にすんでいる。ダム湖で陸封されたアユは、ダムの上流域に放流したアユが海産のアユか琵琶湖のアユかで産卵の時期が異なるようである。雨が降って下ったアユが、流されて水温の低いところに帰ってこないということがよくあるが、同じ水温の範囲では水温だけが原因ではなく、河床に餌がないことと、アユが縄張りをつくるような場所がないことなどいくつかの複合した条件が重なっている。

アユが放流される場の条件に他の魚類が生息していることが必須条件であることはまだよく知られていないが、アユのいない冬の間、アユの代わりに藻を食べるオイカワなどの魚が生息していることが最近のわれわれの研究で明らかになった。冬の間、小さな魚が藻を食べて石礫の表面に藻類が生産されているところでは、アユを放流しても育つが、冬の間、藻食の魚のいない石礫底では藻類が伸びすぎて、アユを放流しても彼らの餌場になりにくいため、アユが定着しないことが判明した。

淀川では淀川大堰から大量の海産のアユが遡上していることや、伏見の疎水から琵琶湖へ遡上していることも確かめることができている。琵琶湖のアユの固有種問題は十分に世間には知られているが、今のように種の問題が世間の注目になってくると琵琶湖にも海産のアユが混じっていることにも答えを出さなければならなくなりそうだ。

琵琶湖のアユについては総合開発による影響を軽減するために、姉川と安曇川に人工養殖場(仔魚の生産のための施設)をつくり、水位低下に備えた。その結果、必要以上のアユが生産され、そのことが冬の渡り鳥のサギやウを定着させることになってしまった。景勝地の竹生島の景観を台無しにし、湖の生態系にも大きな影響を与えることになった。アユは有用な水産資源だから、アユが増えることには誰も文句はなかったが、アユが増え、鳥が増え、カメラマンも増え、生態系全体に影響を及ぼすことは予測されていなかった。アユが増えはじめ竹生島の木が枯れ、景観に影響が出るのに二十年かかった。ダムができて下流に大きな影響が出るのも、二十~三十年かかる。この時間をどう評価し解決していくかは、事業の環境影響評価の重要な懸念事項である。

大和川の支川の石川にアユが育っている。ワースト何位といわれる大和川水系では、戦後、汚濁が進み、とてもアユがすめる川ではなかった。ところが最近の調査で三〇㎝ぐらいのアユを確認することができた。確認されたアユはもちろん海から遡上してきた天然のアユで、放流アユではない。アユがすんでいることに対して、「石川も林田川も、きれいになった」

というべきか、それとも、「アユもずいぶん汚いところに慣れてきた」というべきか。

ところで、アユとは逆で川から湖へ移動すると大きくなる魚もいる。ヤマメやアマゴは、河川では大きくても体長二八cm程度である。ところが、湖に降下するとずっと大きくなる。アマゴが湖や海に下るとサツキマスとよばれ、ヤマメはサクラマスと呼ばれる。アユとは反対の現象だが、これは食べ物の差と言ってよいだろう。河川では底生動物が主な餌だが、湖や海では、小魚など餌の種類と量が増える。

アユはどの河川に遡上しても大きくなる。イワナやヤマメは湖やダム湖で大きくなる。日本の河川ではギンブナ、アユに次いでどこの河川にも生息している魚にウグイがある。アユと同じように海と行き来する回遊魚だが、そのウグイは海では大きくなるのに、湖では小さくなって(湖沼型)、湖産のアユと同じように体は小さいままで成熟するようである。この時、生息数が増える。このように魚ごとに環境に対してさまざまな違う結果が出てくる。これらは日本の魚の文化といってもよいだろう。

ダム湖でウグイを片っ端からとってきて、ウグイが何を食べているかを調べた。その結果、ウグイはなんでも食べる雑食性であることがわかった。アリやハチ、ハリガネムシやバッタ、魚、エビ、貝まで何でも食べる。しかし、本によればウグイは湖にいる間は、主としてプランクトンを食べるということになっていた。湖ではウグイのすんでいるような水層には底生動物が少ないためだからと、そう納得させられてきた。しかし、実際はウグイは魚や陸上の小さな動物など、なんでも食べている。イワナもそうである。

秋田の酸性河川の玉川ダム湖で一五年以上調査を行った。玉川では、ダムの建設前から河川の調査が始まり、湛水直後からずっと経過を調査した。魚類、底生動物、プランクトン、間隙生物など水中の生態系を構成する要因を同じ季節に調査を行ってきた。

玉川ダムは上流で温泉からのｐＨ《ペーハー》(酸性やアルカリ性をはかる数値)が一・八という強酸性水のためその水を中和し、ダム湖でコントロールしている。ダム湖のｐＨは五・二まで中和されてきた。このようなダム湖は世界的にも珍しく、国際大ダム会議でも注目されている。

その玉川ダムで湛水直後からウグイがだんだん増えてきた。ウグイが増えることによって、次にイワナが大きくなり数も増えた。湛水直後、放流されたギンブナが一時的に増えたようにみえたが、今では姿を消した。魚類相の種構成が変動するようにみえたが十年すぎたころから、イワナがウグイを食う生態系が成り立つ不思議なシステムに落ち着いているようである。

このような魚が魚を食うシステムは、玉川ダム湖ができて一五年間続けた調査から明らかになった。これまでは簡単にダム湖を調査することはできなかった。管理者の許可がなかなかとれなかったのだ。今では国勢調査が公開されるようになって、だいぶダム湖の生物の実態が明らかにされてきたが、それでも分かったことはどんな魚類相かという程度のことで生態的な現象についてはほとんど判っていない。まだ多くの制限があって自由に調査できるようには開放されていない。もっとも日本はまだいい方で、プランクトンをサンプリングすることはできるし水辺に近づくこともできる。外国では軍が管理している場合が多く、水をいただくのに複雑なな書類手続きが必要である。

河川に撹乱を起こす人工構造物として、頭首工《とうしゅこう》について述べよう。

頭首工は、ダムのように水をせき止める取水口を指す。特に農業用水を取るために作られてきた。そして、頭首工から水を田畑に引いたことで、日本中の河川の生物は、ある部分では守られてきた。前述のとおり、水路で田畑とつながることは河川に横の広がりをもたせ、田畑と河川を行き来する生物の生息場を広げた。浅いだけの河川でなく、水を利用するために深みができ河道に変化を持たせたことは、水深が多様な河川になり結果的に生物にとって良い環境になった。

魚が専門の研究者は頭首工のところではあまり調査をしない。魚類の研究者は嗜好的に頭

図4　魚類の潜水調査
魚類の調査は基本的に網を使って捕獲することだが、許可の出ないところでは潜水観察で実態をつかむこともある。この場合は網で捕獲するときより、数十倍の時間がかかるだけでなく、研究者の技術差が出やすい。

首工のような人工的な構造物は本質的に避けるきらいがある。生態系を学ぶ人は自然が大好きだから、頭首工の周りにもぐって魚を見ることはあまりしない。だから、頭首工の周辺に何がすんでいるかの結果をこれまで研究者側から示された例は少なかった（図4）。

しかし、人が管理している堰だから常に水があり、実はそのメリットは生物にとってはなかなかのものだったのである。堰の周辺はたまり水や静水域があったり、堰落ちや流心では流れに変化があり、さらに水深の大きいところや干陸化したところがあり、底質も多様になっていた。水路のように均一な流れの川に比

図5　護床工《ごしょうこう》
コンクリートの構造物は、河川の景観を著しく害しているように見えるが、護床工(堰が壊れて流されないように補強している構造物)の下は魚類の天国である。どの国でも、淡水域では人の捕獲活動が魚類の制限要素のなかではいちばん大きいが、護床工の下は網がかけられない上、釣りも不可能である。

較すると、小さな堰があるだけ、環境が多様化したのである。

一番意外なことは、洪水のたびに土砂が流れ、新鮮な土砂の供給があるために、魚類や底生動物の産床にもなり、また堰の護床工の下には伏流水ができた。漁業は禁止されているから魚を釣ったり網を入れたりできないため、漁から守られ、結果的に魚のかくれ場になっている。堰下の護床工の下に体長四〇cm以上のサツキマスなどが多数群れていて驚かされたことがある(図5・6)。

今ある河川の魚類の存在はそこにいる流域の人によって左右されていると

図6　堰下のブロック
堰下のブロック間や下面は、水系鳥類や人の手が入らないところで、魚の安息地になっている。魚相互の競争はあるが、大型魚が侵入できない部分では稚魚が育っている。

いえる。それは世界のどこの国でも共通な魚の文明観である。たとえば、インドネシアやマレーシアでは川の魚は大切なたんぱく源である。両国とも水温が二四度以下にはならない熱帯の川で、だからいつも川に人がいる。魚がいれば捕獲する。だから魚はおちおち泳いでいられない。そのような熱帯の川では川におりても簡単に魚に出会えない。調査で魚にお目にかかれるのは、危なくて川に子供たちが入ることができないエリアや漁業権があり誰もが魚をとることのできない湖、管理された田や沼である。

日本の国では春になったら田畑に水を引くから、河川には水がなくなるか少なくなる。しかしこれは、弥生時代以来続いている、春になったら田んぼに水を引くために河川の水が減るのは、日本の川のもつリズムなのである。そのような河川のリズムに合った魚が今現在、生き延びているわけで、いまさら、田植えのために水を引いてはいけないとは、言えないはずである。すでに、それぞれの河川にあったように魚が生きているから、春に取水することが原因で、魚類が河川にいなくなったことは、ないのではないかと常識的に考える発想が必要なのだろう。

ただ、近年になって頭首工もだんだんと大きくなってきて、ちゃんと管理をされるようになってくると、今までとは違った状況が、しばしば出ている。

図7　川は遊び場
都市河川では、子供の遊び場としてこのように利用している風景も見られる。河川敷公園は、ゴルフ場になったりイベント広場になったりとせまい都市空間を精一杯利用しているが、本当に川でないといけないことだろうか。人と川が折り合うところを見つけなくてはならない。

その際たるものが農業と漁業の川の取り合いである。これまで、田畑に水を引く農業者と魚を取る漁業者との間では、河川水の取り合いを自分たちの身内で調整してきたが、今では中に河川管理者が入って調整している。しかし、その調整はなかなか大変なようだ。

筆者は長くダム開発と向き合ってきたことで、開発によって研究も学問も進むことがわかった。ダムができたことで、そのダムが例え琵琶湖のように大きな湖でなくとも、アユが陸封されて、海の変わりの水域を提供し仔魚が育つことがわかった。言い換えるとアユでさえ、アマゴやヤマメのように陸封され、世代を継続していくことが可能のようだ。

このところ河川を利用する人の数が増えてきた。最近の河川と昭和三八年（一九六三）までの旧河川法時代とでは河川の背景や河川へのアプローチが変わった。大きく変わったのは、人の川への関与が以前は意見を言うだけの〝点〟であったのが、現在では線に、またある場合は〝面〟すなわち参加型、周知と協働が加わったということだ。流れる川が陸上も含めた空間としてまた時間の積算として位置づけられはじめたことである（図7）。

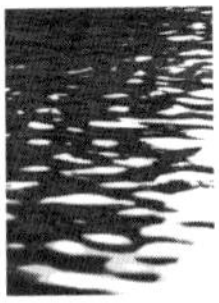

私たちは川とどうつきあうべきか

◉もっと川を知ろう

ここまで生息する魚種にそれぞれの数値を与えて場所ごと、水系ごとに説明してきた。一〇項目ごとに得点を与えその統計を計算したＨＩＭの評価値で数値化すると次のようなことがわかった（表1）。

ＨＩＭの評価値の総計では五〇点満点になる。魚類の生息環境として良好と判定できるの

表1　魚類の生息環境の条件

	場の指標性　HIM	評価の基準
A　海から山へ縦のつながり	1　縦のつながり	1　移動できない 3　少し移動できる 5　自由に移動できる
	2　河床の多様性	1　石だけ、泥だけ、砂だけと偏っている 3　同じ大きさの材料で偏っている 5　河床材料がいろいろある
	3　水深の多様性	1　水深が一定で変化がない 3　水深にある程度の変化がみられる 5　水深が変化に富んでいる
	4　流速の多様性	1　均質な流れとなっている 3　やや変化のある流れが存在する 5　流速が変化に富んでいる
B　横のつながり	5　横方向へのつながり	1　細流、水路もなく移動ができない 3　細流、水路があるが移動が難しい 5　常に移動できる

			1	3	5
C　陸域とのつながり	6	垂直方向へのつながり	数年に1回冠水する	年に2～3回冠水する	増水の度に冠水する
	7	植物帯の存在	水生植物がない	同じ種類の水生植物が少しある	いろいろなタイプの水生植物がある
D　人との関わり	8	水辺林の連続	水辺林はない	水辺林がまばらである	水辺林が連続する、水面に突出している
	9	水面への光の当たり方	水面にいつも光があたっている	水面に影になるところと明るいところがある	水面に光のあたる時間が1日6時間以下である
	10	撹乱の度合い	改変が繰り返されている	改変が目立たない	改変から時間がたち安定している

表2　地点におけるHIMm98の地方別割合（二〇〇二年調査）

19以下		29 ～ 20		30以上			
地点数	割合（%）	地点数	割合（%）	地点数	割合（%）		
80	2.8	2323	81.7	442	15.5	全国	
0	0.0	120	69.8	52	30.2	北海道	
0	0.0	77	89.5	9	10.5	四国	
18	4.1	366	83.8	53	12.1	九州	
56	3.8	1199	81.5	217	14.7	太平洋	本州
6	0.9	561	82.7	111	16.4	日本海	

は全体の評価値が三〇以上の地点で、全国で一五%あった。そのうち地域別には、北海道が三〇%、本州の日本海側に注ぐ河川が一六%、太平洋側に注ぐ河川が一四%で、本州全体では北海道と同じ三〇%になっている。本州は河川数が多いにもかかわらず、機能が十二分に評価できる川の割合が北海道と変わらないことである。

次に評価点が一九以下で魚類が生息する場としては自然再生が急がれる河川の地点の比率は全国で二・八%あった。そのうち本州の太平洋側の河川の地点が七〇%を占め、九州の河川が二二%になっている。

北海道や四国の河川は本州や九州に比べて、自然再生を急いではじめる必要のある地点はなく、平均的な河川と保全されている河川が九〇%を占めている。四国では小河川が田んぼや用水路と連なり、長い時間、人が使いこんできた河川が多く、水の使い方もよく似ているようだ（表2）。

日本の代表的な河川を挙げれば規模では利根川、流域人口の多さとの水利用の多様さでは淀川が挙げられる。

◉利根川と淀川

利根川は日本の代表的な河川であり、多くの施策がくりかえされた。流域には大規模なダムがあり、水面積で日本有数の霞ヶ浦をかかえ、さらに水域を越えて那賀川からの導水計画も進んでいる。利根川水系として見れば、ＨＩＭの評価値は必ずしも高いとはいえない。明らかになったのは水辺の機能と水田などの横方向のつながりが低い値になっている。さらに外来種の占める割合も大きく、この傾向は多摩川にも共通している。

古くからたくさんの人が住み、生活の場として河川を使い、河川の改修などの治水事業も限りなく続けられているのが淀川である。「大都会を流れる汚濁の進んだ川」の印象が深い川だが、その淀川は意外なことに、ＨＩＭの評価値では平均値をはるかに上回る値になっている。大和川の付け替え、淀川新川の開削、巨椋池や鴻池の埋め立て、神崎川などの水路の開削、ダムの建設、など大きな川の事業が数百年にわたって進められてきた。アユモドキやイタセンパラなどのかつては淀川を代表した魚種はすでに姿を消しつつあるが、日本の河川にふつうに生息する種は欠けることなく生存している。一級河川の淀川の流程は八〇kmだが、上流に日本一大きな湖の琵琶湖（県管理で二級水系に指定されている）があり、その支川の数は九〇〇余りもある。流域の地形が多様であり、魚種、底生動物相は多様性で種数の多さでは日本一である。生息する魚種からの評価では、利根川は日本の平均よりやや低く、淀川は平均より上位にある。

九州や四国でＨＩＭの評価値が低くなるのは地方の文化の影響が大きい。小さな川の小さな流域は生物相がもともと単調である。流域が多様でないことは、人工的な改変だけでなく、天然の災害などで川がダメージを受けた時、その回復する復元力が小さいためになかなかもとにもどりきらない。

また、人口が少なく、水質が保全されているために、かえってアユなどの放流が促され、人工的な管理が進んで、河川本来の生態系の回復が遅れてしまうことがままある。

さらに都会のお祭り広場的な川を地元の人が望むことが、その地方のふつうに生息する生物をだんだん住みにくくしている原因にもなっているようだ。

川は放っておけば生物が豊かになるのではなく、人が、生物との共生を大事にして少しだけ譲る心がけがあれば、人にとってのいい川になるのだなぁと実感している。

◉環境の事業化

近年、河川法が変わり、今まであった治水事業、利水事業の他に、環境事業を起こしていくことが求められている。環境が事業化できて初めて、三本柱の河川法を支えることができるわけだ。いつまでも環境に配慮をするのではなくて、よい環境づくりのための事業を発生させることが問われている。

今までは、治水のための事業をしてきた。利水のための事業もした。治水事業や利水事業をする時に環境に配慮するこれまでの取り組み方以上に、平成九年(一九九七)にできた河川法は、これまでの治水と利水と同じように環境を、同等に扱うと謳っている。環境のための事業、環境を目的化した事業を起こしていくことで、河川法を生かすことと、私は考えている。

新しい河川法で言われる環境事業を実施する背景が自然再生法だと理解する。環境を事業化するときの目標は、河川でいえば河川の機能を回復させるということだから、その自然を再生し、河川の機能の回復がどういうことかがわかって初めて事業化できる。

自然がどういうふうにあったらいいのか。河川の自然は、物理的な環境だけでなく、生態系を含めた河川であり、その結果が河川文化として浮上してくることを願っている。

河川が氾濫することを阻止するために護岸をつくるのは、共通の技術で解決するが、つくったことによって個々に起こってくる生物現象は違った結果を生むことを理解したい。

◉自然保護の考え方

貴重種は、指定する段階で個人の研究者の好みと行政の思惑が複雑に入り込んでいて保護が難しい。研究者はもともと普通にいる生物の研究はあまりしない。珍しいから研究する気になるので、対象種ははじめから少ない。少ないから失われやすい。そこにターゲットが定められ、指定される。

レッドデータブックに載っている生物は、そのようにして研究された報告があり、論文になっている種で、まだ研究されていないものについてはどんなに少なくなりかけていてもレッドデータブックには載らない。もっとも別な理由で天然記念物などに指定されると、研究が進まなくなるものもある。

オオサンショウウオがその良い例である。文化庁で天然記念物として指定されているので、研究のための捕獲・調査に許可がいるため野外で研究することが難しい。レッドデータブックに一度載ってしまうとその後、その種の研究は進まなくなる。

正直なところ本当に保全しないといけないほど少なくなっているのか、なかなかはっきりしない。いまの日本では、皮肉なことに、生物の保全が注目を浴びるのは開発を伴なう事業があって初めて表面化する。ホタルの川やトンボの水辺などは、自然保全というより、ホタルもトンボも材料が生物というだけで、その川づくりは新たな開発事業だとする認識が必要だ。観光開発事業では野生生物の保全は難しい。

保護・保全する目的で貴重種を移転させて、これまでの土木工事で貴重種が生き長らえた例は、まずない。一～二年はなんとかなる。しかし、十年から二十年たつと大抵はだめになる。うまくいった例はほとんどないのが現状だ。それは日本だけではなく世界でも同じようなことが言える。ただ日本とアメリカの違いは、アメリカでは保全するエリアが広いこととその精神や行動が徹底していることである。しかし、減少していく種の滅亡を止めるということは、人間の力ではまず無理だと考えた方がよい。

こうしてみてくると、貴重種や絶滅危惧種を多額の予算をかけて保全するより、普通に生息する種を保全する、いわばその風土自体の保全こそが理にかなっているのではないだろうか。

兵庫県豊岡市のコウノトリの保全運動などは、周辺の環境の整備と保全する人の熱意と時間の大切さを教えてくれた例である。基盤整備すれば、もとに戻ってくるものもあることを教えられた。基盤整備とはコウノトリがすめる環境をつくることである。基盤をどれぐらいの規模で再現できるかは、やってみないとわからない。豊岡の場合、人材の育成、投入された人的資源のレベルと量が成功の鍵であった。

◉おわりに

筆者は一九七〇年代から川にかかわってきたが、その間、自然に対する考え方は大きく変わったように思える。しかし、そのようななかでも個々の研究者は、生物と黙々と対話しながら、その生き様を学んできた。

トンボが山で避暑すること、ホタルがコンクリートの護岸を利用していること、ダム湖ができて、イワナやアマゴが大型化する一方でウグイやアユが小型化すること。こうした一つひとつの野生生物の何でもないような変化が、時間が経つとシステムそのものを変容させるということが明らかにされつつある。

われわれがいま目にしていることは、移りゆく自然の断面にしか過ぎない。だからこそ、野生動物に対する態度も、少ない情報量で決め付けるのではなく、柔らかな頭で付き合っていくことが必要なのではないだろうか。

第2章 暴れ川・石狩川と岡崎文吉の思想
——川と人の壮大なる綱引き

北室かず子

治水の幕開け

◉暴れ川・石狩川と人びとの歴史

石狩川は、北海道の屋根大雪山系の石狩岳（標高一九六七m）に源を発し、幹川流路延長二六八kmに及ぶ北海道最長の大河である。流域面積は一万四三三〇km^{2}で全国第二位。北海道全体の六分の一を占めている。

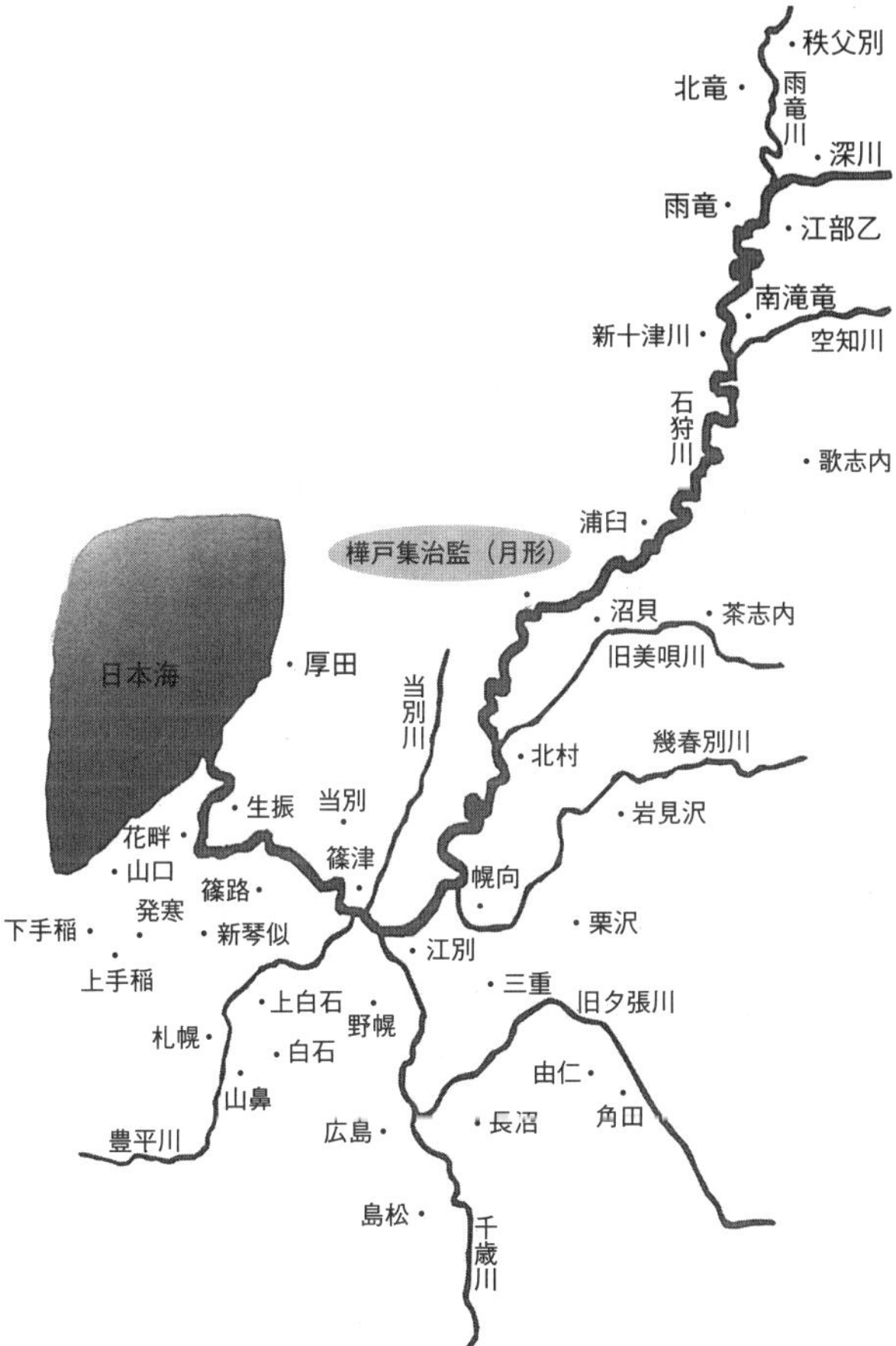

図1　石狩川とその支川、流域のおもな町

石狩川は、大雪山系の石狩岳にはじまりたくさんの支流と合流しながら、石狩平野を流れて日本海に注ぐ川である。かつては、交通の要路として利用された。(「石狩川の舟運物語・川の道」(石狩川振興財団)より転載、出典：「捷水路」北海道河川防災研究センター)

図2　蛇行する石狩川
大きくうねる石狩川を空撮したもの。流域にはいくつもの三日月湖がある。
（写真提供：国土交通省北海道開発局石狩川開発建設部）

石狩川の語源は、アイヌ語の「イ・シカラ・ペツ」（非常に曲がりくねった川）。「ペツ」が川の意である。石狩川は中下流部でくねくねと蛇行しながら、泥炭性の低湿地である広大な石狩平野を形成している。幹川流路延長二六八kmという数字は、信濃川の三六七km、利根川の三二二kmに次いで全国第三位だが、明治時代より前はさらに一〇〇km近くも長かった。そのため、石狩川が原始のままの状態であったならば日本一の長さの川だったという説もあるほどだ。なぜ川がそんなにも縮んだのか。実はここに、北海道開拓と石狩川の治水の大きな特徴が隠されている。この章では、洪水を繰り返す暴れ川と人の壮大な綱引きについて、明治時代からの歴史を振り返りながら探ってみたい。

石狩川と人の歴史は、他都府県のそれとは大きく異なる。明治二年〔一八六九〕に北海道開拓使が置かれたが、本格的な開拓事業が始まる前の北海道は、「蝦夷地《えぞち》」と呼ばれ、治水事業はほとんど行われていなかった。アイヌ民族にとって、毎年決まった時期にサケが大量に遡上する川は生活の基本であり、川の特徴を地名に残したところが多い。その暮らしぶりは、幕末の探検家、松浦武四郎の『東西蝦夷山川地理取調紀行』にもよく著されている。同紀行は地域ごとにまとめられており、石狩川流域の様子は『石狩日誌』で知ることができる。アイヌ民族は、石狩川のほとりに暮らし、自然の摂理をよく観察して恵みを利用しながらも、大規模な土地利用は行わなかったので、石狩川と対峙する必要もなかった。川が暴れる時期には避難して時を待てばよかったのである。つまり出水は単なる自然現象であった。

ところが明治時代になって、北海道開拓が始まり、流域への移住が進むにつれて事情は大きく変わった。出水という自然現象は災害となって社会問題となり、国家プロジェクトの障害としてクローズアップされることになったのである。

明治二年〔一八六九〕、政府は「移民扶助規則」を発布し、移住奨励金によって他地域からの移住を促進する政策を始めた。まず、廃藩置県によって禄を失った士族の受け入れ口として、北海道は脚光を浴びる。明治七年（一八七四）には、ロシアを中心とした列強から北海道を警護する目的をもあわせもった屯田兵《とんでんへい》制度[1]が制定される。石狩川流域でも、江別《えべつ》、滝川など十一地区に屯田兵村がつくられた。また、洪水で家を失った奈良県十津川村の住民はじめ災害被災者などの団体移住も行われた。

行政組織は、開拓使時代から陸軍省による札幌・函館・根室の三県時代を経て、明治二四年（一八九一）、北海道庁に代わった。この時期から開拓事業への大きな見直しが始まる。というのは、明治初期には、移住者に対して公費で小屋を建てたり、三年間にわたって食糧を給付するといった手厚い保護が行われていたのだが、保護だけを享受した後に北海道を離れる人もいたため、三県時代には渡航費とわずかな補助のみに削減、道庁時代になってからは一切の補助がなくなった。行政は、鉄道や道路の交通インフラ整備、入植地の斡旋に重点を置き、個々の移住者にとってのウマミは減った。明治二四年、北海道庁は「北海道移住案内」を全国に配布して移住を促した。このキャンペーンは官民あげてのもので、「北海道毎日新聞」（当時）も、記者二人を七カ月間、全国行脚させる移住勧誘事業を行ったほどである。この時期の移住者は七～八割が農民である。従来、農民は農業だけで生活していたのではなく、工芸作物の加工や運搬で手間賃を稼いでいたが、明治時代以降の近代化、海外からの輸入に

図３　明治三一年(一八九八)に起きた大洪水の惨状(北海道)
明治三一年、大規模な洪水が石狩川流域を襲い、家屋や田畑、尊い人命までをも奪った。この大洪水を機に、北海道の治水史が幕を開ける。(北海道総合研究所所蔵)

よってそうした収入が激減したことも移住への動機となった。明治二六年(一八九三)には北海道協会が設立され、積極的に移住民の受け入れを行った。明治三一年(一八九八)までの五年間の移住者数は約三十六万人。この数は、当時の北海道人口の半数に及ぶ。

こうした移住熱の高まりの中で起きたのが、明治三一年(一八九八)の石狩川大洪水である。『石狩川治水の曙光』(北海道開発局)によると、八月二一日から九月五日までの計三〇〇mmに上る降雨と、六日の二〇八mm(最

1　明治時代初期、北海道の開拓・警備と失業士族の救済の目的で政府より奨励され、家族での移住を行った農兵。明治七年(一八七四)に制度が設けられ、明治三七年(一九〇四)に廃止された。北海道開拓に重要な役割を果たした。

大）の降雨が引き起こした洪水は一一二人の死者を出した。明治三一年（一八九八）は洪水多発の年だった。春の融雪による出水で冠水の被害が出るなど、既に四回の洪水があり、故郷に帰る移住者も出ていたなか、五回目に起きた大洪水である。九月には石狩平野の低湿地帯はすでに湛水状態にあった。

切り立った崖が迫る上流部の神居古潭《かむいこたん》では流下能力五六〇～八三〇m^3／秒のところ、既に最大流量三五六〇m^3／秒を記録。下流の月形町でも二四八〇m^3／秒の流下能力にすぎないところに、雨竜《うりゅう》川、空知《そらち》川、夕張川などの支流が流入するのだからたまらない。石狩平野のほぼ全域が浸水し、「神居古潭の下流に幅約四〇km、延長約一〇〇kmの一大湖が出現した」と『石狩川治水の曙光』にある。

当時の救済舟の記録によると、「鉄道の軌道の上を舟で進むが、江別から幌向《ほろむい》、岩見沢にいたるまで耕地も鉄道も道路もすべて水中に沈み、深さ四尺以上、道標は鉄道の電信柱のみ」とある。この時の損害額は八〇〇万円余り。国庫からは四〇万円以上が救済費としてねん出された。

移住を促進し、北海道の原野を開いて資源開発を行うという国家事業にとって、石狩川の洪水対策は極めて重要なものとなった。また、開拓が進むにつれて高台ばかりではなく、低地にも人が住むようになるのは必定であり、河川事業の方向転換の必要性も高まった。そこで洪水後、直ちに道庁内に設置されたのが、北海道治水調査会である。委員は官民合わせて一八名。北海道庁の支庁長や事務官、参事官、技師、民間からは石狩、上川、夕張の各郡から委員が出ている。この時の技師の中に岡崎文吉と広井勇の名がある。広井は小樽港北防波堤の工事の指揮者として知られる、北海道の港湾工学の父ともいわれる人物だ。

調査は明治三二年（一八九九）から四二年（一九〇九）までの一一年間にわたり、調査費八万円を費やして行われた。この調査結果を「石狩川治水計画調査報文」として時の北海道庁長官に提出したのが、岡崎文吉であり、本章の主人公でもある。

◉若きシビルエンジニア、岡崎文吉

岡崎文吉は明治五年（一八七二）、旧士族の長男として岡山県に生まれた。岡崎の生涯を掘り起こし、その思想を丹念に追った『流水の科学者　岡崎文吉』（北海道大学出版会、浅田英祺）によると、明治二〇年（一八八七）、満十六歳で札幌農学校工学科に第一期生として入学。当時、札幌農学校には他のどの高等教育機関にもない奨学制度が設けられていた。農学校にしてみれば、新設の工学科に近代土木工学の担い手となる優秀な学生を集める必要があったのだ。

岡崎は生涯、漢詩に親しんだが、このころ詠んだ次の詩からは新天地に赴く青年の心の高まりを読みとることができる。

十八の決心　海峡を超ゆ　北都の憧憬は壮図《そうと》を潜む
豊平河畔　新友を提《たずさ》う　札幌の風情故山に同じ

岡崎は二二歳で母校の助教授に抜擢され、二五歳で総理任命の北海道庁技師となる。石狩川、ひいては北海道開拓の命運を左右する調査委員に任命されたのは二八歳の時である。『流水の科学者　岡崎文吉』には、「石狩川の河川調査が実施されたという事実そのことが北海道の自然科学史に記録される価値がある」と記されている。当時の北海道は、陸地の平面測量さえ、困難で不十分な時代であった。岡崎の調査は、北海道の大地に科学の光が照射される、さきがけのひとつでもあった。

北海道治水調査会は明治三六年（一九〇三）に廃止されたが、調査会で集めた資料をもとに石狩川治水計画は続行され、明治四二年（一九〇九）、「石狩川治水計画調査報文」として北海道庁長官に提出された。そして第一期拓殖計画の根幹をなす事業として、石狩川の治水プロ

図4　若き日の岡﨑文吉
札幌農学校で土木工学を教えた後、二五歳で総理任命の北海道庁技師となり、石狩川治水事務所長等を経て、国内外で多くの治水事業を指揮した。（北海道総合研究所所蔵）

ジェクトは動き出したのだった。「石狩川治水計画調査報文」の内容をひもといてみよう。

「鉄道を敷設し、道路を築造し、排水を掘削して、保護を厚くし租税を軽くし全力を尽くして、各地より移民を招来してここに四十年余り、家々は建ち並び、生産も年とともに増産している。しかしながら、拓殖の進展に伴い、石狩川の低水路は不安定となり、水害はその厳しさを増し、沿岸の移民は常にその恐怖に晒され、土地に対する愛情の心は乏しく、中には全村離散を企てる所も発生している。（中略）国家の大計を考えるとき、本格的な治水工事を施設して防災・利用の計画を実行し、一面には道民の困苦を取り払い、これを安堵させて、一面には益々国家の資源を開発させることこそ焦眉の急なものである」

せつせつとした文面からは、北海道の原野を豊かな大地に変える使命感に燃えて札幌農学校に学んだ、若き技術者のほとばしる思いが感じられる。

「石狩川治水計画調査報文」は、洪水後の応急工事、洪水時の流路である高水路工事（原文は高水工事）、通常の流路である低水路工事（同低水工事）、河口改修工事、第二期治水工事の概要にまで言及する、広範で具体的なものであった。

まず、応急工事として、決壊したままの堤防の補修工事のほか、おびただしい量の流木が河底に沈んでいるため、水の流れが阻害され、舟運にも邪魔であることを指摘し、流木の除去を提言している。堤防敷地にヤナギを植えることで、地表を保護し土砂の洗掘を防ぎ流水を河道に集中させ、万一、堤防を水が越えた際もその速度を減殺できるとも述べている。

高水工事としては、石狩川は特に下流域において航路に適した良好な断面と湾曲をもっているとして、航路を維持することに力点を置いている。そのために川の形は変えず、洪水の際に増えた水量の分だけを流せる放水路を設けることを、強く主張している。その詳細は以下の通り。第一期工事として現在の札幌市北部にあたる篠津・生振《おやふる》間に放水路を設けて在来水路と併せて四一七〇m^3／秒程度の水量を流す。そして第二期工事として、放水路を上流に向かって延長し、現在の奈井江《ないえ》町まで達するものとする。篠津上流に放水路を延長し、洪水面を低下して氾濫を防ぐ際には、下流の洪水量が増加するため、本流や放水路の両岸に堤防を築造することが必要だともしている。明治三七年（一九〇四）の洪水で考えた場合、神居古潭より下流の全域の浸水を防ぐ際も、対雁《ついしかり》（現・江別市）付近で海水面上約九・一mの高さを有する堤防を築けば、約八三五〇m^3／秒の流量を流すことができ、堤防地以外に氾濫させないですむと述べている。

次に堤防工事については、旭川、深川、滝川がたびたび洪水被害を受けている点に対し、これら三都市を守る堤防が必要であると述べ、具体的な場所、規模、工費まで算出し、工事への道筋を示している。しかし石狩川の洪水量は開拓の進展によって変化するとし、絶対に決壊しない堤防を作ることは困難であり、また、堤防工事は、石狩川全部を通して完成してはじめて本当の効果が現れることを強調。とはいえ、巨額の国費を一気に投入することはできないとして、堤防だけに依存した洪水対策は困難だと結論づけている。

それでは迂曲した部分を直線化し、人工の河道を設けて洪水を流す、あるいは狭窄部を切断し洪水を流す切替工事はどうか。これは今に続く、捷水路（直線化、ショートカット）[2]の方法である。岡崎はこれも一つの方法だとしながら、「天然の平衡状態を破壊し、平常時の水面勾配が急なために、水勢が急激で、新河道及び上流の在来水路の維持に困難さを加え、水深を減じて船舶の航行に支障をもたらすことは、疑う余地がないものである」としている。さらに迂曲部を本流から切り離すことについて、「地方において水利の便を奪い漁業を全滅させる結果となり、しかもこれを本計画の放水路と比較するとき、その工費が多額となる不利は免れない」と述べている。

また、河岸の決壊を防ぎ、良好な河道を保持するために低水工事の必要性についても述べ、石狩川花畔《ばんなぐろ》の河岸に明治四二年式コンクリート単床護岸工法が実験的に施工されているとも記述している。これは後に触れるが、岡崎自身が考案した単床コンクリートブロックである。

さらに石狩川河口付近に一大港湾を築造する提案もなされている。石狩川河口は浅瀬では水深わずか一・五m。川と海を交通路としてつなげない。大型の船舶が出入りでき風波の影響を受けずに荷物の上げ下ろしができるようになれば国家的にも利益が大きいと述べている。その根拠として、石狩川沿岸の空知、樺戸《かばと》炭田の採掘高は一年に三一九万トン、石狩川および支流の千歳川、空知川、雨竜川の木材が年一七万八〇〇〇m³、農産物が二九万三〇〇〇m³に達したとしている。それを鉄道で運んだ場合と比較すると、一年で約三八万二〇〇〇〇円もの利益が出るとし、その額まで算出している。

岡崎は交通路としての石狩川を最重要視していることがわかる。

その舟運の実態はどのようなものだったのだろうか。

石狩川の舟運が開かれたきっかけは、明治一四年(一八八一)、北海道初の集治監《しゅうちかん》(刑務所)が樺戸(現・月形町)につくられたことによる。この樺戸集治監へ囚人や生活物資を運ぶことがきっかけで、石狩川で本格的な船の往来が始まることになった。汽船「第一樺戸丸」、「第二樺戸丸」が就航。明治一七年(一八八四)には監獄汽船「神威丸」、「安心丸」が航行していた。

開拓が海岸線から内陸へと進むにつれて、交通路としての川の重要性は増した。本州などと違い、街道や宿場といった既存の交通網が十分には整備されていなかった明治期の北海道では、石狩川の舟運だけが、人や物資の移動手段であり、大量の荷物を安全に運べる方法だった。しかし自然のままの川には埋木や流木が多く、船が転覆してしまうことさえあった。そのため樺戸集治監の囚人七〇〜八〇人を使役して二カ月にわたって石狩川の整備作業が行われた。石狩川に限らず、北海道開拓においては囚人はインフラ整備の重要な労働力だった。

「石狩川の舟運物語・川の道」(石狩川振興財団)によると、明治一五年(一八八二)には札幌〜幌《ほろ》

2 大きく蛇行した川を直線化・拡幅する工事。河道が湾曲しているために、上流部の水位が上昇しておこる湾曲部の侵食などを防止するために短絡化すること。ショートカットともいう。

図5　石狩川の舟運を伝える外輪鉄船「上川丸」
明治二二年（一八八九）に製造された上川丸。石炭を焚いて発生した蒸気を利用して、船の中央部両側にある車輪を動かして進む仕組みになっている。船の航行速度は、上りは「速足」、下りは「駆足」くらいであったという。（「石狩川の舟運物語・川の道」（石狩川振興財団）より転載）

内《ない》間の鉄道が開通したため、江別は陸の鉄道と舟運の接点となり、おおいににぎわった。上流で収穫された農産物や木材は、江別までは舟運で、江別で鉄道に積み替えられて札幌、小樽へ運ばれたのだった。一方、札幌や小樽からは鉄道で塩や燃料、たばこなどの生活物資が江別までは鉄道で運ばれ、鉄道の開通していない上流部へは、船に積み替えられて運ばれた。秋になると農産物を積んだ雑穀船が江別港を往来し、一隻の外輪船が四～五隻の農産物を積んだ雑穀船を曳《ひ》く様子も見られた。

江別河川防災ステーションに上川丸の模型が展示されている。上川丸は外輪式の鉄製の蒸気船で、石炭を燃料として蒸気を起こし、船の両側についている車輪を回転させて進んだ。明治二二年（一八八九）、東京の石川島造船所（当時）で製造され、同年進水。

船の前部に食堂、休憩室、中央に機関室、後部に客室と荷物置き場があった。甲板に操舵室と船長室があったと記録されているが、航行中の写真を見ると、テーブルと椅子のようなものの周りに乗客らが集まり、山高帽をかぶった男性たちが談笑している様子もうかがえる。とうとうと流れる石狩川に浮かぶ蒸気船は、アメリカの開拓時代の風景を彷彿させるようだ。船の長さ二五m、幅六・二m、総トン数六〇トン、二四・二馬力（後に六七馬力に改良）、定員六〇名（推定）、速力約七・八ノット（推定）という記録が残されている。

樺戸集治監の囚人による整備の後も、流木や砂州の状態によって河船の座礁転覆事故が少なくなかった。明治二二年（一八八九）倒木防止のため河岸より十町（約一・一km）の幅の河畔林を札幌郡から上川郡忠別までの約五〇里（約二〇〇km）にわたって伐採している。明治二四年（一八九一）には埋木や流木を取りのぞくための浚渫《しゅんせつ》工事[3]も行われた。神居古潭から江別太《えべつぶと》までの一五六kmの区間はとりわけ急流で貨物の運搬が困難であり、この結果、道外から移入される日用品の価格が高騰していた。移出する生産物も、輸送コストがかかりすぎて利益が得られず、内陸の開拓の阻害要因となっていた。このため明治三〇（一八九七）、三一年（一八九八）

3　港湾・河川・運河などの水深を深くするため、水底を浚って土砂などを取り去る工事のこと。

に浅瀬の浚渫と流木の除去が行われ、江別太から雨竜太《うりゅうぶと》までの一二五km区間は吃水深[4]一m、一五〇石(約二七t)積みの淀川船の曳行が可能になった。

この浚渫には潜水器を使い、ダイナマイトを用い、また大きな木を引き上げるのは起重機を使ったと、岡崎文吉も明治三一年(一八九八)の水害後に新聞紙上に書いている。そして「十分浚渫をなすにおいては深川まで汽船を通ずることを得べく、これより上流もまた浚渫工事を施せば川船の往来自在なるべし。かくのごとく水利水運の便ある大河を利用せずして、年々ただ水災嘆ずるのみなるは愚というべし」。石狩川の舟運が活発に維持されれば沿岸の農作物の移出のコストが低減することを力説している。

石狩川の舟運は、当初、民間業者によって運営されていた。しかし経営は不安定で、明治三五年(一九〇二)までに吸収合併を含めて、担い手は六業者もの間で変遷している。そこで運航を安定させるために、国からの補助金で定期運航を維持する「命令航路」に指定された。受命者に航路の区間と寄港地、運航回数、使用する船の能力が指定された。石狩川の命令航路には、石狩－江別、江別－月形、月形－札的《さってき》内の三航路が設定された。

しかしやがて舟運の時代にも終わりがきた。昭和一〇年(一九三五)、石狩川に沿うように札《さっ》沼《しょう》線が開通し鉄道の時代へと移行するのに先立ち、昭和九年(一九三四)に命令航路は廃止された。

◉現代にもひけをとらない測量技術

さて、石狩川治水調査が行われているまさにその最中、また大きな洪水が流域を襲った。明治三七年(一九〇四)のことである。六月の約十日間、内陸部に雨が降り続いたことで氾濫面積は一三〇〇km^2。死者の数は不明だ。岡崎はこの洪水を科学の目でとらえた。この洪水時の観測をもとに、石狩川の河川改修後の洪水の流水量を八三五〇m^3/秒と算定した。これは、石狩川上流の神居古潭から対雁までの改修工事が完了したと仮定し、その際に石狩川下流の対雁地点(現在の江別市石狩大橋地点。河口から約三〇km)における洪水量を算定するというものだ。つまり、氾濫した水量は、その時に川を流れる水量からは差し引かれるが、氾濫することなくすべての水が川を流れた場合、下流でどれくらいの流量になるかを計算したものだ。この数字は、治水計画を立てるためには不可欠のものだ。岡崎は「氾濫戻し」という新しい手法によって、これを算出した。驚くべきことにこの数字は、その後、約七〇年間にもわたって、

4 水面下における船体の距離。船脚。

石狩川の治水の重要な目安となった。

北見工業大学教授の渡邊康玄さんは、こう語る。「現代ならば、この方法でやればこの程度の誤差が出るということが経験的にわかっており、正確な値を出すための係数も解明されています。けれどもそうした基礎研究が全くなされていなかった時代に、精度の高い数字を出せたのは偉大なこと」と、高く評価する。さらに出水の最中に多くの作業員を配置し、陣頭指揮を執って行う測量についても、「相当の確信がなければできない」と言う。

ところで、流れる川の水量とは、どのようにして測れるのだろうか。そのポイントになるのが水面の高さだ。測定者は、自分の目の高さを基準にして、水面の高さがどのレベルにあるかを測定する。既に明らかになっている河幅と合わせると流れている水の断面積が算出でき、水量を知ることができる。しかし洪水時の川の観測には危険がつきものだ。そのため、川の測量法それ自体は原理的に大きく変化はしていない。

岡﨑は「石狩川治水計画調査報文」の中で流量計算について述べたあと、「水源の涵養・開墾の程度・排水路の増設などにより将来の洪水量は変化するから、洪水量を調査してはそれに相応する設計が必要」としている。ところがこの後、約七〇年間も自らが算出した数字が採用され、しかもその値が現代の最先端の技術をもってしてもきわめて精度の高いものであったと、この時の岡崎は予想していたであろうか。

平成三年(一九九一)に発表された論文「石狩川の明治三七年七月洪水における岡崎文吉の洪水量算定とその評価について」(品川守・山田正・豊田康嗣『土木史研究』土木学会)によると、同じ時期、利根川はじめ他の河川では、財政難などの理由から途中の氾濫量を無視した実測値をもとに低い水量に決定せざるをえなかった。それに対して岡崎の行った流量計算を「水位観測結果から得られた氾濫実績流量のみを用いた彼独自の手法であった」と評価している。論文執筆者らは明治三七年(一九〇四)洪水の再現計算を行った。その結果は、八三五〇m^3/秒。岡崎の数値とピタリ一致する。そして、一世紀を経た河川工学の知見により現代の水理学的手法を用いて算出した洪水水量は八一五〇m^3/秒。極めて近い数値である。論文では「岡崎文吉による洪水流量の算定は現在からみても十分妥当なものであり、彼の優れた独創性と先見性がうかがえるといえよう」と結論づけている。

さて、明治三五年(一九〇二)、石狩川の調査を終えた岡崎は、欧米の治水調査に赴くために休職を願い出た。この視察は、北海道庁からは米国の治水事業を、札幌区からは電気事業の視察も委託されたものだった。横浜からサンフランシスコ経由でミシシッピ川流域へ。約三カ月間、河口の港湾修築工事を調べ、川をさかのぼって河道の状況とどのように治水工事が行われているか、支川の河道、治水の状況も調べた。その後、ヨーロッパに渡り、ライン川の調査に三カ月をかけた。ドイツ、オランダ、フランス、イタリア、オーストリア、イギリスの河川を視察し、水利工事、治水工事の現状をつぶさに視察して、資料の収集にあたった。

その視察をもとに明治三六年(一九〇三)「欧米治水調査復命書」を提出。これによると、視察した川は、米国のミシシッピ川、オハイオ川、ミズーリ川、ハドソン川、ドイツのライン川、ウェーザー川、エルベ川、フランスのセーヌ川、ローヌ川に及ぶ。「とりわけミシシッピ川の流域は、近年、新たに開かれた土地が多く、治水の工事に着手して以来、さほど長年月を経過していない。河川及び付近の状態は、全体としてまだ天然の状態を保っている部分が多く、その河状はわが石狩川に類似していて、工事の方法もまた大いに参考となることが多い」としながらも、ミシシッピ川は改修からまだ年月が浅いことから、数十年前に起工した改修工事の成果を見ることのできるライン川を具体的な改修工事の参考とすれば安全であるとし、両河川の実例を比較検討しながら具体的な河川改修の設計に生かすことを提言している。

◉治水は治世である

大正四年（一九一五）、岡崎文吉は『治水』という著書を、丸善から出版した。総ページ数六〇四ページの大著であり、河川工学者・岡崎の思想の集大成ともいえるものだ。岡崎が引用文献として挙げている二九冊は、それぞれドイツ語、フランス語、英語で書かれており、日本の書物は一冊もない。この時代、科学的な知見は海外から取り入れるしかなかったことや、岡崎の精力的な研究姿勢がうかがえる。

「緒言」の中に本書のエッセンスが凝縮されている。「近世の水理学は原始的河川を過度に矯正し、またはこれを全く改造しようとして、河川の平衡状態を破壊し、かえって失敗に終わって弊害となっている。このような愚策を避け、なるべく天然の現状を維持し、自然を模範とし、自然の機能を尊重すべきである。現状維持、すなわち自然主義は最も経済的であり、かつ最も合理的であると思われる」

治水工事の定義については、次のように記述している。

一、河川を一定の河床内に拘束し、流路の分岐及び島州の生ずるのを防ぐ。二、河床沈澱物は防ぐことができないが、これを自然の力で流下させ、舟運に必要な流路を維持できるようにする。つまり、直流になる工事や護岸や堤防工事のみならず、根本的に河床の形状を改善し、低水時に舟運ができるよう、水が一定量潤滑に流れるようにすることに重きをおいているのがわかる。

「欧米治水調査復命書」にも書かれた海外の河川の視察結果は、『治水』の中で、明確な思想となって結実している。

それはこうだ。ライン川は、蛇行した河川を改造し、河川の切替により直流化して水面勾配を急にしたところ、洪水被害は軽減できたが、流速が増し、船の航行には悪影響がでた。これに対してミシシッピ川は、天然流路の蛇行した状態を保存したため、円滑な航行が保たれている。フランスのローヌ川は河川改修工事を続けても経費ばかりかかってよい結果が出ない。これは当初、天然の河幅を狭めたり湾曲部を矯正したことが誤りであったと認識。旧来の工法を廃して、河川の天然状態を維持することを原則に凹岸沿いに澪筋《みおすじ》を誘導する方針に変換したと書いている。

直流する運河のような河川を理想とする河川改修の方法に対し、岡崎は、「理想とした条件を誤って極端に走った結果」とし「単純な学理のみによって解決できないもの」としている。

では岡崎の理想とは何だろう。「私の理想とするところは、いやしくも良好な河川状態を破壊し、将来除却を要するような自然の法則に違反する工事を施すことなく、当初より自然の模範に従い、合理的にしてかつ実際的な工法を採用し、最も経済を重んじて原始的河川を治めることにある」

明治期の北海道は日本の中で特異な場所だった。移住者が増え、町ができ、農地が開かれていったとはいえ、そこには手つかずの大自然が圧倒的に広がっており、石狩川もまた、原始の姿をとどめていた。急流河川を抱えた雨の多い日本では、中世の昔から「水を治める者は国を治める」の言葉通り、治水がすなわち治世だったため、機械力さえなかったものの、さまざまな治水法が試されていた。しかしそれは近代科学のまなざしで照らせば合理的ではないものもあったかもしれない。岡崎にとって北海道は、そうした先人の治水の痕跡なしに原始河川と対峙できる場であり、石狩川は真白なキャンバスだったともいえるのではないだろうか。

『治水』の中で岡崎は川が蛇行する原因についてこのように考察している。

まず地質の違いである。地質が異なると流水に対する抵抗力は異なる。したがって土砂を洗掘して形成される河道が不規則なのは当然であり、「流路は一度湾曲を始めると、次第にその曲度を増加する傾向を有し、ある程度に達すれば、流水はさらに転向して対岸を衝撃し、これを自然のままに放任するときは、漸次平面形状を変更して永久に進行する」。他に、河道内の障害物や流量の増減、氷結、そして澪筋の水深や湾曲形状など河川の状態の変化も蛇行の原因としている。さらに「著者がかつて主管し開削した運河（花畔・銭函《ぜにばこ》間運河）の直線部において、流水は交互に一岸より他岸に深所を造り、蛇行を形成する傾向のあることを実験した」という記述について『石狩川治水の曙光』では、「直線水路における蛇行現象を、日本で最初に見出して記述したのは、岡崎文吉が最初であると思われる」と評価している。

また石狩川の氾濫原である湿地について、泥炭層が直接、農耕に不適であることから排水溝を切ったり、ほかの土地から土を持ってくる客土《きゃくど》をしたりするのは費用がかかるので「面積の大きい泥炭地は、むしろこれを永久に氾濫区域に利用して貯水池を造り、洪水を受容させ流量を調節して、下流に位置する地味肥沃な沿岸地域の浸水被害を軽減するのに用いられるべきである」としている。これなどは、今の貯水地に通じる。

◉「自然主義」で治水する

岡崎は『治水』の中で、自らの治水の思想を「自然主義と名付ける」と述べている。それは、「自然が大部分に対し、理想的に成就して来た河川の現状を維持し、たまたま、存在する不良な一部分に対してのみ、自然の実例に鑑みて、これを改修する主義」のことである。そして、「自然に反する技術は、到底自然の事実及び法則を超越して成功することは出来ないものである。容易でかつ賢明な方法は、可能な限り自然を保全し、これに対し合理的でかつ実際的なる工事を施し自然を補助することであり、自然を保護し、またこれに準拠するの外、自然に背反する事業は、決してこれを施行しないことである」とし、これを「自然方法と名付けた」ことを宣言している。

では自然主義の定義についてたどってみよう。少々難しいが、口語訳をそのまま引用させていただく。川を見つめるまなざしの深さが、伝わってくるからである。

一、原始的河川の平面形状は、多少、急激に結合した転向曲線からなり、左右に曲がりくねっている。

二、同一横断面中における水深の分布は不同で、最大水深は常に押転力(掃流力)の最大かつ河床抵抗力の最小な個所に存在し、急に突出す障害物及び凹岸は一般に水深の大なる個所を生じさせ、かつこれを維持する。

三、澪筋に沿う河底は、浅瀬で分離された深淵の連続するもので、その縦断面形は沿岸土地の一般勾配に並行する線を中心として、上下に出入し、交互に緩急勾配を連続するものである。

河流水面勾配は、緩急交互に接続して階段形をなし、一般に緩やかな勾配は長く深淵に、急な勾配は短い浅瀬に相当する。そうして、流量の増加に従い、このような不規則な水面勾配は漸次平均されて、沿岸の土地の一般勾配に接近する。

四、凹岸及び河道幅員の小さい個所には沈澱は生じない。かえって、深水のために凹形の賦与及び河幅の狭窄は、局部的洗掘作用をひきおこす原因となり、深淵を生ずる。

五、凸岸及び河道幅員の大きい個所には沈殿物が堆積する。故に、凸形の程度や河幅が増大することは沈澱作用をひきおこす原因となり、河底を局部的に隆起させる。

六、曲度が著しい区域において河道幅員を増加することは、一定の法則を破らずに、澪筋は凸岸より遥かに離れ凹岸に近接し、その岸に沿って洗掘作用をおこし、水深の大きい流路を形成する。しかしながら、河幅を適当の範囲に制限しなければ、澪筋の分離をもたらし、派流を生じ、中洲を形成する恐れがある。

七、自然の迂曲する水路を保存し、しかも河岸に人工を加え保護した河川においては、洪水のため、澪筋の変化は殆ど生ずることなく、深淵及び浅瀬は洪水前と同一地点に再現する。約言すれば、そういった河川は事実上の安定状態にあるものといえる。

一方、航行上より論ずれば、あまり曲度が大きくない凹岸に近接し、その航行に耐えられる水深と相当の大きさの幅員を有する澪筋では、転向点において、水深は凹岸に沿う水深に比し小さいのは免れないが、一岸より他岸に移る横断状態が一般河道に対し、極めて鋭角な方向をなしよく展張する航路は、実際上これをもって満足すべきであろう。このような状態における澪筋は、むしろ永久的に凹岸を固執し、一定する航路をなす。

これに反し、たまたま自然に存在する直流の区域においては、澪筋は常に不規則に左右に移動し、一定の航路を維持するのに甚だ困難で多額の経費を要する。結局、自然にどこにでも存在する迂曲した流路の多くは良好であり、これをむしろ理想的航路といってはばからない。

私は、このように善良でかつ大部分を占める河川の自然状態を保護し、たまたま、不良な一部分には自然が示す模範を応用して、これを修正するに止め、すなわち、自然が創始以来終始一貫して進行した事業を保護し、かつ応用する天職に従事するものである。

「自然主義」とは自然のままに捨てておくことではない。合理的な工事を施して、自然を補うことという。そして欧米の例から巨額の投資をした大工事が必ずしも良い結果になっているわけではないことを見抜いている。明治期といえば、日本が近代化に向けて欧米に学び、追いつこうとしていた時代。その時代に、大規模に機械化され組織化された近代的な土木技術を目のあたりにしながらも、その本質を見極めた視線の確かさを感じずにいられない。

また、「人為的河川荒廃ノ原因」として「河岸原生林ノ侵害」をいの一番に挙げ、原始的河川の維持方法として、河岸原生林の保護も訴えている。河岸原生林が河川の荒廃を防ぐ理由として、樹木の根が土壌を結束することで川の流れの洗掘作用に抵抗してくれる。あふれた流れに対して樹木が流速を減じてくれる。また、濁流の含有物を濾過し、沈澱させる。そして障壁のようになって河道に流水がとどまるようにしてくれるというものだ。そして安易な開墾によって原生林が失われることを諫めている。現代になって河畔林の重要性が認識され、失われた河畔林の再生が進められているが、ここにも岡崎の自然主義の一端がうかがえる。

このように岡崎は、河川を過度に矯正しない「放水路方式」による洪水対策を主張したが、その後の展開は意に反するものだった。大正七年(一九一八)、岡崎の治水計画が動き出すかに見えた矢先、突然、内務技師への転勤を命じられる。北海道庁土木部河川課長を最後に北海道を去ることになったのだ。その理由は明らかにされていないが、川にショートカットを施すフランス方式を選択した幹部との意見の相違のためという見方もある。

◉捷水路方式への転換

岡崎が当初、放水路方式を提唱したのは、自然主義による改修理念と、河口から神居古潭までは物資の運搬のほとんどを舟運が担うほど、交通路としての川の役割が大きかったからだ。鉄道と道路の整備が進むにつれて舟運の重要性が低下していった。

となると、流域を農地や宅地に変換していくことを目指す北海道拓殖計画の方針に、捷水路方式はぴったりだった。川がショートカットされ、湾曲部が除かれて直線化されることにより川の流速と掃流力が増し、大量の水を早く流すことができる。この原理は、スキーの直滑降とスラロームの違いを想像すると理解しやすい。曲がりくねって下りるスラロームではスピードが出ないが、まっすぐ直滑降するとスピードが増す。川も曲がっていて流速が遅いと上流から雨水が押し寄せた際、流しきることができなくてあふれてしまう。しかし直線化することで、流速は増し、より大量の水を流すことができるのだ。

直線化による水位の低下、つまり川が浅くなることについては、次のような説明がある。流れが遅いと、同じ水量を同じ時間で流れようとすると嵩《かさ》が必要になる。嵩とはすなわち深さのこと。流れが速いと早く水がはけるので嵩を上げなくてもよい。つまり水深は浅く、流速は速いということになる。すると船は川を上りにくくなる。ショートカットによる直線化を行うと船の運航に大きな障害が生まれるという岡崎の意見は、そのような原理に基づいている。しかし、交通路としての川の任務は終わりつつあった。つまり流速が早くなっても、川が浅くなっても一向に構わない。むしろ川の水位が低くなると周辺の湿地の地下水が川に流れ込み、湿地の排水が行われるため泥炭地の乾燥化が進む。このほうが、流域の発展にはありがたいのだ。そこで治水の舵は、直線化、ショートカット、捷水路築造へと大きく切られたのだった。

川への想いは海を越えて

◉海を渡った「Ｏｋａｚａｋｉブロック」

岡崎の業績のひとつに、明治四二年（一九〇九）に考案された単床ブロックがある。これは石狩川治水事務所長在職中のことだ。正式名を「屈撓《くっとう》性鉄筋コンクリート単床」という。「屈撓」とは「曲がり、しなる」という意味だ。

実は屈撓性コンクリート単床は、岡崎が考案する数年前から欧米を中心に考案されていた。岡崎の考えたブロックは四一年式と名付けられ、区別されている。日本ではその形が羊羹に似ていることからヨーカンブロックとも呼ばれている。これは、鉄筋コンクリートブロックに穴を開けて金属ワイヤーを通してつなぎ、各ブロックの継ぎ目が互い違いになるように編み上げたものだ。頑丈でありながらたわむ特性を持ち、浸食の激しい個所に設置すると、あたかも一枚の織物のようにしなやかに河岸から河底まで、必要ならば対岸までも覆うことができる。また勾配の急なところでも安定性が高く、抵抗は小さく、組立てが簡単で施工も容易だった。アメリカでは「コストは三〇cm四方でわずか一・五ドル」と評価された。

図6　岡崎式単床ブロック
右は石狩川河口近くの支流、茨戸川を護る現役の岡崎式単床ブロック。左はミシシッピ川下流域の高度な機械技術による護岸工事のようす。ミシシッピ川で使われているこの護岸工事は、岡崎博士の考案したマットレスの屈撓性を受け継いでいる。（北海道総合研究所所蔵）

このように他のブロックに比べて、経済性、強度と耐久性、河床の変化に対する適応性に優れていた。「護岸工法中、最も経済的で耐久性に富み、屈撓し易く急傾斜に耐え、その厚さまた極めて薄く、結局全体として最も有用なものであり、即ち、これを凹岸の欠壊を防止する適切な護岸工法であるといってはばからない」と岡崎は自画自賛している。明治四三年（一九一〇）から大正五年（一九一六）までの間に、石狩川下流部に五・八km（ブロック数で約一二六万個）が施工されたほか、生振《おやふる》捷水路や本州の河川、中国、アメリカでも使われた。

　中でも最も大規模に施工されたのが、アメリカ・ミシシッピ川だ。「エンジニアリング・ニュース」誌に寄稿した岡崎の論文によって岡﨑式単床ブロックは国際的に知られることとなり、一九一〇年代、ミシシッピ川河川委員会と合衆国陸軍工兵隊が岡﨑式を採用。「皮肉なことにミシシッピは、護岸の解決法をＯｋａｚａｋｉと名乗る日本のエンジニアから借りた」と言わしめるほど、圧倒的に優れた性能と経済性をあわせ持っていた。以来、九十余年、ミシシッピ川の河岸一六〇〇kmにわたって敷設され、世界屈指の大河を守り続けている。

北見工業大学教授の渡邊康玄さんは、こう語る。「川は動くものですが、十年くらい前までの日本での護岸の考え方は、一切動かさないようにがっちり守ることでした。しかしそれを突き詰めた結果、今では、川の動きにある程度は追随し、守っていくほうが理にかなっているというふうに考え方が変わってきました。コンクリートブロックを使って川に対するしなやかな対応を実現したのは画期的なことです」。

◉満州で放水路を実現

さて、北海道を離れた岡﨑は、大正九年（一九二〇）、国際機構である上海遼河《りょうが》工程司司長として中国へ赴任した。

満州三大水系のひとつ、遼河は石狩川の約一六倍の流域面積をもつ。河口港には営口《インコウ》という都市が発展し、営口は渤海湾における最大の内陸貿易港であった。遼河は貿易のための重要な河川であったが、土砂堆積のために舟運が困難になり、営口の港湾機能も損なわれていた。そこで中日英独などの各国が集まって国際機関としての上海遼河工程司を発足させ、改修工事をはじめた。

ここで岡崎は自らの理念である放水路を実現する。遼河の土砂堆積の原因は遼河本流から分かれて渤海湾にそそぐ双台子河《シュアンタイズ》が急流で洪水時にそちらへ流量の大半が取られてしまうためだった。解決策は、双台子河へ取られる水を遼河本流へ戻すこと。そのための放水路工事である。当初、上流部を日本で、下流部をイギリスが担当することとなっていたが、岡崎はたいへん意欲的で、最終的には全区間を掌握する立場になった。

工費二〇〇万円、八年の歳月をかけた工事を当時の満州日報は「イギリス人の造ったダムによる増水以上の水量を確保している。さらに、双台子河本来の舟運も、より以上の便を得るに至り、これによる両河の被る利便は、莫大なものであろう」と報じた。

ところでこの赴任は単身赴任だったが、一四年間にわたる赴任中に、二男を結核で亡くしている。しかしすぐには帰国しなかった。岡崎の壮絶な覚悟を窺うことができるだろう。

大自然の地・北海道を治めるまで

大正七年（一九一八）になり、第一次世界大戦後の好景気で国の財政にゆとりができたことで、石狩川下流の生振《おやふる》捷水路の工事が着工された。それは全長約三・七kmにも及ぶ捷水路を築造する大工事。この捷水路の完成で、石狩川は一気に約一四・五kmも短縮された。そもそも石狩川河口近くの生振原野は、明治初期に集団移住がされたが四散。明治二六年（一八九三）、愛知県から五六戸が移住して開拓が進んだものの、水害を再三にわたって受けていた。

捷水路とは、川の流れを円滑にするため、湾曲した部分をカットして直線の水路でつなぐものだ。一四年間に及んだ生振捷水路工事は、石狩川における土木工事史上、最初にして最大規模の工事となった。「石狩ファイル」（石狩市教育委員会）によると、掘削機や機関車など大型機械が続々投入され、ブロックなどを製造する「治水工場」も出現。最盛期には二〇〇〇人以上の工事関係者が働いた。そのため、石狩川河口の茫漠とした泥炭の荒野に、突如、町が出現することにもなった。この町は「生振治水市街地」と呼ばれ、商店や床屋、芝居小屋までが軒を連ねた。工事の安全を祈る「香取神社」も創建されたという。長年月にわたる工

図7　生振捷水路工事の掘削機（左）と浚渫船（右）
「世紀の大工事」と呼ばれた生振捷水路工事に使われた掘削機・浚渫船。美登位《びとい》と生振には土木機械の整備工場や建設資材の製造工場が建てられた。（「捷水路」（北海道河川防災研究センター）より転載）

事の途中では住民とのトラブルもあった。昭和五年（一九三〇）の増水時に、氾濫を恐れる住民たちが、工事現場への河水流入を防ぐ堤防を破壊してしまったのだ。

　ともあれ生振捷水路工事は、日本を代表する「世紀の大工事」として、「土木遺産」にも選ばれている。これは幕末から昭和二〇年（一九四五）までに建築された土木構造物の中から、価値の高いものを認定するものである。昭和六年（一九三一）、生振捷水路完成、同八年（一九三三）には最後の対雁捷水路も完成した。石狩川の流れはスムーズになり、生振の水害が軽減されただけではなく、水位は三・五ｍも下がった。工事の総費用は、三一五万二六一一円（当時米六〇kgが約九円）。

　しかしその後も、昭和七年（一九三二）、昭和三六年（一九六一）、昭和五六年（一九八一）など、たびたび水害は発生した。捷水路の完成で被害は減ってはいたものの、河口に近い低湿地にはまだまだ問題があった。

生振捷水路が完成すると、旧流路は、茨戸《ばらと》川、真勲別《まくんべつ》川として本流から切り離された。けれども茨戸川には、札幌市内中心部を流れる創成《そうせい》川、札幌市西部の発寒《はっさむ》川、東部の伏籠《ふしこ》川の支流が流れ込む。上流で雨が降ると、茨戸川へ流れ込む水量は一気に増えるが、その水は、志美《しび》運河という細い運河を通してしか石狩川に排水されない。しかも洪水によって石狩川の水位が上がると排水どころか、石狩川に逆流することにもなった。そこで志美運河に水門を設け、水位が上がった時に逆流しないよう閉じられるようにするとともに、新たな放水路によって直接日本海に流そうというのが、石狩放水路だ。幸い、日本海は近く、茨戸川との距離は約二・五㎞。石狩放水路は、昭和五一年(一九七六)に工事がスタート。六年後の昭和五七年(一九八二)に周辺の整備を除いて完成した。これにより茨戸川の計画水位は、四・五二mから一・八五mに下がった。放水路は幅五〇m、長さ二四五八m、五〇〇m³/秒の水を流せるという巨大なものだ。

ところが完成間近の昭和五六年(一九八一)八月、台風一二号が北海道を襲った。『石狩放水路』(石狩川開発建設部札幌河川事務所)によると、三日間の降雨量は札幌で二九四㎜。これは観測史上、最大の降雨量で、石狩川の流量も最大。八月四日には警戒水位を突破、六日には最高水位が三・〇八mにまで達した。放水路は物理的には完成していたが、実際に水を流すには

図8　滝川地区地域防災施設
石狩川中流に位置する滝川市にある川の科学館は、「科学の眼で水を探り、川を知る」をテーマにした科学館である。淡水魚の展示水槽のほか、水の力の原理を遊びながら学べる体験コーナーなども充実している。（写真提供：国土交通省北海道開発局石狩川開発建設部）

さまざまな許可や手続きが必要だ。しかし刻々と増える水量に事態は待ったなし。そこで特別措置により、放水路に水が流された。観測史上最大の降雨量と流量に達していながら、氾濫面積六一四km^2という最小限の被害で食い止めることができた。放水路の威力はその後も実証された。平成一三年（二〇〇一）には観測史上二位の降雨量を記録した昭和五〇年（一九七五）と同程度の雨量が降ったにもかかわらず、氾濫面積は五八四分の一に減ったのだ。完成後、茨戸川の水位は二・七m低下した。

◉流域の防災施設に治水史をみる

治水は、捷水路や放水路のみならず、ダムや堤防、遊水地などの施設と総合的に支え合うことで実現している。石狩川の流域に点在する防災施設には、治水史はじめ、川の自然や水運の歴史、河川工学や防災についての展示を併設しているものがある。この節では、そうした治水の歴史を連綿と未来に受けつぐ施設を紹介しよう。

　滝川地区地域防災施設は、災害時に地域にとって重要な場所となる施設だが、科学の視点から水を探り川を知る、「川の科学館」とも呼ばれている。

　旧石狩川であるラウネ川が石狩川の本流に合流する地点にあり、出水時に堤内側の水を強制的に堤外側へ排出するための「池の前排水機場」に隣接している。まず正面玄関に至る前庭に、旭川市の神居古潭から河口までを一〇〇〇分の一のスケールで再現した「石狩川リバーウォーク」がある。本流の脇に点在する幾多の三日月湖、時に曲がりくねり、時に爽快にまっすぐ流れ下る石狩川を、上空からの鳥の目で体感することができる。館内には石狩川水系の魚二〇種を飼育展示するスペースがあり、ウグイ、ニジマス、アメマスから、幻の魚イトウまで、北方系の川の魚をじかに見ることができる。かつて石狩川にはミカドチョウザメという古代魚も生息していたが、人工増殖種ながらチョウザメ（ベステル種）が水槽をゆうゆうと泳ぐ様子から、いにしえの石狩川の豊かな生態系に思いをはせるのも楽しい。

　圧巻は、長さ約五ｍの水路で行われる実験だ。平らに敷いた均一な粒の大きさの砂の上に水を流す。すると真っ平らな砂の表面が波打ち、凹凸ができ、それがどんどん形を変えていく。川が河底の砂を削り、運び、積もらせるという働きを間断なく繰り返していることがわかる。やがて何の力も加えないのに、次第に砂が移動して砂州ができてくる。水の流れる筋、「澪筋《みおすじ》」がくねり始める。澪筋は岡崎の『治水』にたびたび登場する言葉だが、その意味を目で見ることになる。やがて澪筋は左右の壁の間で蛇行を始める。砂と澪筋が刻々と変化する様子に、見学の子供たちは歓声を上げる。

この変化を司るのは、砂である。最初のきっかけは、見た目には均一に見える砂の粒の小さな起伏だ。これが砂と流れの間に不安定を呼び起こす。その中のある波長の起伏が、流れにとってわずかな影響を与える。その結果、速いところ、遅いところができる。速いところではたくさん砂が運ばれ、遅いところには砂がたまっていく。その変化を受けて流れがまた変化し、ある波長については増幅し、ある波長については減衰しながら砂州は発達していく。すると水は砂州の間を曲がって流れながら次第に岸を削り始める。これが蛇行の最初のメカニズムだ。

いったん流路が曲がり出すと流れは遠心力によって蛇行の外側に押しつけられ、流れがらせん状の回転を起こし、外側の部分の河岸が削られる。一方、流れの緩やかな内側には土砂

図9　砂川遊水地
石狩川中流の砂川市に位置する砂川遊水地は、かつては大雨のたびに氾濫していた石狩川の洪水を防ぐためにつくられた。周囲は水辺のオアシスとして利用されている。(写真提供：遊水地学習館)

が堆積し、河道がずれていく。するとますます蛇行が大きくなり、やがて上流と下流のふくらみが接して短絡(蛇行切断)が起こり、かつての蛇行のふくらみ部分が川から切り離され、水溜まりとなって残される。それが三日月湖である。

別のコーナーでは治水について。開拓初期の北海道では重要な交通路であった川に沿って開拓が進んだ。川の近くに住んだ人々にどんなことが起きたか。川の模型に水を流すと蛇行の部分で水があふれだして人を押し流す。明治三一年(一八九八)に一一八人が死亡した洪水も、こういう仕組みで起きたのだ。次にショートカットによる川の直線化を模型の中で行うと、流速が増し、さっと水が流れ下った。それまで水に浸されていた部分の水もスーッとはけた。直線化することで排水性が高くなることがひと目でわかる。

図書のコーナーには一〇〇〇冊以上の川に関連した書籍や雑誌が収集されている。その多くを占めるのが寄贈だそうだ。図書コーナーでは一心に読書する小学生の姿も見られた。ここには川の文化を共有し、よりよい関係を築くためのヒントがあふれている。

石狩川で最後の捷水路工事、つまりショートカットが行われた砂川には、かつての蛇行部分を利用して砂川遊水地が作られた。管理棟は、災害時には排水門などの操作を行う場所だが、展示室も併設されていて、洪水被害の写真や、捷水路の仕組みを学べる模型もある。隣接する砂川小学校の子供たちが放課後訪れ、地域のお年寄りたちと語り合う様子が見られた。遊水地は石狩川で洪水が発生した際、石狩川の水位が上がることで、越流堤から遊水地の中に自然に水が流れ込む。石狩川の水位が高いうちは遊水地に貯めておき、洪水がおさまり川の水位が下がると、排水門を開け、ゆっくり下流へ流すという仕組みだ。遊水地の湛水面積は約一六〇ha《ヘクタール》で、貯水量は一〇五〇万m^3。下流の石狩大橋(江別市)付近で、最大一五〇m^3/秒の洪水軽減効果がある。砂川遊水地の周囲五・六kmにはウォーキングコースが整備され、五〇〇mごとに標識が立てられているので、ジョギングやウォーキングの目安にしやすい。地域の人々にとって憩いのエリアであり、水辺の交流拠点となっている。

石狩地区地域防災施設は、パネルや映像などを通じて、川の多様性を学べる施設である。岡崎文吉のコーナーでは、その業績をたどり、資料や遺品を見ることができる。「川の博物館」の別称の通り、石狩川の歴史と水害、治水のあゆみが、展示パネルやビデオ、立体テレビでわかりやすく解説され、川についてのテレビゲームなど遊びながら学べる設備も充実している。また、石狩川河口の風物詩といえる撤去された廃船の一部も展示されている。

◉明治から現代へ——受け継がれる河川工学

捷水路工事は大正七年(一九一八)の生振捷水路に始まり、昭和四四年(一九六九)に完成した砂川捷水路で終わった。石狩川流域石狩川(下流)河川整備計画によると、石狩川本流の捷水路工事は、二九カ所に上り、工事によって短縮された石狩川の流路延長は、実に五八・一kmにも及ぶ。

洪水の流下能力は一・七倍になり、急流となった水流から岸辺を守るために河岸や河床を保護する工事が必要になった。河川水位は最大で三・五mも下がった。治水の目的は達せられたが、岡崎の自然主義からは、かけ離れた結果に行き着いたといえそうだ。

だが、これを農地開発の視点から見ると、違った面が見えてくる。河川水位が下がったことで周辺の地下水位も低下し、湿地の排水が進んだ。「石狩川の発展過程の分析に基づくアジアモンスーン地域の洪水氾濫原管理へのアプローチ」（吉井厚志、平井康幸）によると、一九三〇～四〇年代に暗渠排水や客土による土地改良により、泥炭地の造田が進められ、一九五〇年代以降、食糧増産対策とともに造田は大規模化。流域の耕地面積の約七〇％にあたる一六〇〇km²を水田が占めるまでになった。日本で最大の稲作地帯の出現である。また「きらら397」、「ほしのゆめ」、「ななつぼし」など、食味の良い新品種が開発されたことで、質の面でも米どころとして大きなポジションを占めるようになっている。

さて、岡崎に話を戻そう。彼は、北海道を去った後、遼河で石狩川での研究成果を実践した。このように石狩川の成果を国際的に応用しようという挑戦は、現在も行われている。

それが、独立行政法人土木研究所寒地土木研究所（札幌市）の試みだ。寒地水圏研究グループでは、石狩川の水量予測に欠かせない積雪のメカニズムの研究や融雪出水の状況、融雪時に氷が一カ所に詰まってあふれる現象「アイスジャミング」の解明、寒冷な川の代表魚であるサクラマスの生態といった寒冷地ならではの研究に加え、流木災害の防止策、川を遡上する津波の影響、ダムに堆積する土砂の対策など、多面的な研究を行っている。その中には、石狩川の氾濫原に関する研究の蓄積を、海外で生かそうという取り組みもある。グループ長の吉井厚志さんは、「世界の貧困人口の七五％に当たる九億人がアジア太平洋地域に住み、その多くが氾濫原に居住しています。そして、最近二〇年間では、自然災害による被災者の七〇％、洪水被害による被災者の八〇％がアジアに集中しているのです。ですから氾濫原管理の意義はとても大きいといえるでしょう。石狩川では、捷水路によって川を直線化しましたがより安全性を高めるため、もともとあった水辺の緩衝空間を有効に使って遊水地を設けました。このように氾濫原全体を空間的にとらえることが大事なのです。氾濫原を日本最大の穀倉地帯に変えた、石狩川の知恵を国際的に生かそうと考えています」と語る。

寒地土木研究所は、水災害・リスクマネジメント国際センターと連携しながら、マレーシアのジョホール州ムアル川を中心に洪水氾濫原の問題点を明確にして対策を提案し、若手研究者の育成を担い、フォローアップするプロジェクトを展開している。

岡崎文吉の時代から現代まで、河川工学は著しく進歩した。細分化、専門化していく一方で、生態系や気象など他の研究領域との接点も広がっている。最後に、そうした研究の最前線についてご紹介しよう。

たとえば河底の一個一個の小石がどうぶつかり合い、どう動くか、動いてきた石にぶつかった別の石の動きはどう変化するか、そういった小石の挙動をシミュレーションできる計算手法が開発されている。かつては集合体としてしか扱えなかったものが個別に追跡できるもので、「個別要素法」という。

流水は、流れながら縦方向にも横方向にも渦を巻いているのだが、この渦の動きを計算することもできる。これを「乱流の再現」といい、河底のものが巻き上げられる様子を知ることがる。川を見ていると、同じ場所でも水面に凹凸ができている時と、できていない時とができある。とりわけ洪水時など、大きな凹凸を作って水が流れる様子をご記憶の方は多いだろう。実はこれは、河底の凹凸がそのまま水面に現れたもの。そして河底の凹凸は流れの状態によって出現したり消えたりする。乱流の再現によって流れの状態がわかることで、河底の凹凸も計算できるようになった。これを「砂堆《さたい》の形成」という。河底の凹凸が流れの抵抗になることで、洪水時の水位がぐんと上がることがある。「砂堆の形成」の解明が進むことで、水位上昇が正確にわかるようになり、治水上必要な堤防の高さを算出することができる。ところで水量が増え流れも速くなれば水面の凹凸はますます大きくなるかと思いきや、凹凸が消えることがある。この不思議な現象は、いよいよ水量が増すと水は大きな力で速く流れ下ろうとするため、流れのじゃまになる河底の凹凸を削ってしまうために起きる。それによって水位も下がる。水面が平らで水位がすっと下がったように見える時、それは出水が収束したのではない。出水のピークなのだ。とてつもなく大きなエネルギーを抱えた大量の水がものすごいスピードで流れ下っているのだ。この現象については、現地観測と実験室での実験結果から計算式ができており、シミュレーションも可能である。

河川工学では現地観測が欠かせないが、洪水時の観測は非常な危険を伴う。従来、流速を知るには、川に棒を突き立て、そこから浮きを流す「浮子法《ふしほう》」という方法で得た流速の値に補正係数をかけて速さを知るしかなかった。そんな研究者たちに福音をもたらしたのが、観測機器の進歩だ。とりわけ軍事用の測定装置が一般に使われるようになったことの効果は絶大だ。たとえば潜水艦に搭載されていた装置は音響を利用したもので、自艇の深度、潮流の速度を測定できるのだが、自艇より5m上、あるいは10m上というように任意の位置の流速を知ることができるものだった。これにより、従来、測定器を水中の測定したい深度に入れなければならなかったものが、水面に浸すだけでたちどころに、河底まで任意の深さの流速をつかめるようになった。

また、橋脚や突堤といった構造物の周囲の複雑な流れの状況が再現できるようになった。橋脚があることによって周囲にどんな流れができ、えぐっていくのかがわかるようになったのである。

さらに大きな水の動きについても解明されている。雨が降り、いったん地下に浸透した水がどう川に出てくるか、逆に川からどう浸透していくか。地下水と川の関係がわかっている。また、砂州の中にどう水が浸透し、どう出てくるかも明らかにされている。これは治水工事にあたって、砂州に生育する生物を保護しながら行うための指針になる。

ところで石狩川は、最後のショートカット工事が終わってから四〇年が過ぎている。北見工業大学教授の渡邊康玄さんは、今後、石狩川がどう反応するか注視したいと語る。「石狩川は蛇行の形を矯正され、与えられた器になじむようにしてきたと思うのですが、今度は元に戻る方向に反応していこうとするのではないかと推測しています。ゆったりと流れているように見えますが、世界の他の大河と比べれば流れは速く、岸を削る力も強い。そのため川は、堤防の範囲内で、大きく形を変える可能性はあり、しかもその反応は早く出るのではないでしょうか」。

石狩川のようなショートカットは世界のどの川も経験していない。世界のどこにも学習する相手はいない。

岡崎以来、連綿と続く石狩川を見つめてきた研究者のまなざし。それは、川を生きものととらえている。「川が本来もっている個性は、地形、地質、降水量、勾配などにより、あらかじめ決定されています。いくら矯正されても、それは消えることはない。横方向の動き（河筋の変化）と縦方向の動き（勾配が落ち着くために川底を削る動き）の因果関係を解明したい」とも渡邊さんは語る。また、自然環境との共生も今後とも大きな石狩川のテーマとなりそうだ。直線化された中でいかに昔の石狩川のおもかげを蘇らせることができるか。たとえば一カ所にブロックを置き、それをきっかけに〝乱れ〟を起こすことで自然にうまくきっかけを与え、淵と瀬のある風景を創出し、生物にやさしい水辺を取り戻すことなどが考えられている。しかしそれは原始の川を力ずくで直線化したことより、はるかに繊細で難しいことだろう。

気象との関係も、今後、石狩川をめぐるホットなテーマとなりそうだ。北海道人口の半分以上にあたる約三〇〇万人が暮らす石狩川流域では、農業、工業、生活用水を石狩川に依存している。広大な泥炭地であった氾濫原は、今や米の生産高日本一の大穀倉地帯に変貌した。寒冷地でも食味のよい米の品種改良が進んだこともあるが、何よりも冬期に降った大量の雪が融けて、融雪出水となって石狩川を流れて潤沢な農業用水として供給されなければ実現しなかった。必要な時に必要な量の水がきちんと供給され続けるためには、気象の変化と川の水の関係も見守っていかなければならない。

近代的な治水科学の徒でありつつ、独自の思想を深めた岡崎文吉。その思想は、明治、大正期に技術者として生きた厳格な使命感と知識、豊かな感性の融合から生まれたものだろう。岡崎の『治水』が発表されてから八〇年余りで、時代はやっと岡崎に追いついたのかもしれない。暴れ川に寄り添って暮らさなければならない人々にとって水を治めることは、国を治めることだった。これからどんな国をデザインするか、川との付き合いは、新しい時代を迎えている。

第 2 部

豊かな川をめざそう

第3章

川の再生
——豊かな川を目指して

島谷幸宏
（九州大学教授）

第4章

美しい川のある風景
——環境美学からの提案

北村眞一
（山梨大学教授）

第3章

川の再生

――豊かな川を目指して

島谷幸宏

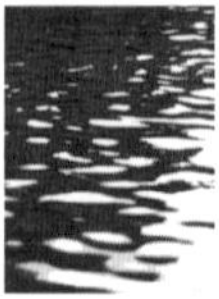

自然再生へと向かう若者の意識

日本の各地を訪れて、最近感じることは、環境を再生して欲しいと思っている人が、思いのほか多くなってきていることである。それは都市においても、農・漁村においても同じであり毎年その思いは強くなってきているように感じる。

九州大学の一年生を対象に「環境科学概論」という講義を一コマ担当している。選択科目なので、環境に関心を持っている学生が中心であろうが、最近学生の意識が大きく変わってきた。この講義では毎年、「君たちは将来の日本を、トトロ型の国家にしたいのか？　アトム型の国家にしたいのか？」というレポートを課している。昨年、大きな変化があった。トトロ型六七％、アトム型一七％、アトム・トトロ共存型一三％と、トトロ派急増である。トトロかアトムかと聞いているのにもかかわらず、アトム・トトロ共存型と答える、常識的な不届きものもいるが。

今の学生は、トトロのアニメを見て育った世代である。おそらく、何度も見たことがあるだろう。昭和三〇年代の郊外を対象とした、となりのトトロの中の世界は決して現代のようにすべてが便利な社会ではない。しかし、まだ身近な自然が残り、自然のおどろおどろしさと、人々の豊かなコミュニティーが十分に残った世界である。このアニメーションを何度も見て育った、今の学生たちは、田舎暮らしのわずらわしさや不便さも十分に知っていて、「トトロ型の国家」にしたいと答える。「こんなにガソリン価格が上がって、地球環境の問題もあるのにいまさらアトムじゃないでしょ」と、アトム型の世界を一蹴する。「先生、ネコバスはガソリンで動いてないでしょ？」という、低炭素社会を巧妙に語る面白い回答もある。年々、トトロ派が増加しているのはとても面白い。

もう一つ、驚いたことがある。私が担当する河川工学の授業を受講する八〇名の学生に、「川で泳いだことがあるか」と聞いてみた。関西や福岡市、北九州市などの大都市出身の学生も三割ぐらいいる。だから、川で泳いだ経験がある人はせいぜい二〇%ぐらいかなと思っていた。しかし、驚くことに全員が川で泳いだ経験を持っていたのだ。近くの川で泳いだことがある学生もいるが、キャンプなどで遠くに行って泳いだという学生も少なくない。本当に時代は変わったなと感じる。日本が豊かになり、地域の人たちや家族とキャンプなどに行く機会が増えているのだろう。ゆとり教育の影響もあるのだろう。

また川の水質がよくなったのも、理由の一つである。平成一九年度の一級河川を対象にした水質調査によると、有機汚濁の指標であるBODが水浴に適するとされる二mg/ℓ以下の水地点は全国の調査地点九一九地点のうち八三%、大腸菌群数は環境省が定めた水浴判定基準を満たす地点は約八〇%である。都市中心部を除いて、ほとんどの河川は水浴可能なまで水質が改善してきている。

このように、若者の意識は確実に変わってきている。明治の若者が、黒煙がもうもうと上がる工業化国家を夢み、高度経済成長時代を育った私たちの世代が高層化する都市を夢み、それらがそれなりに達成されてきたように、これからも若者が希望するように国の姿は変わっていくに違いない。地球温暖化の問題も身近になり、低炭素型の社会が求められており、自然と共生する新たな国土像が求められているのである。

生き物を中心とした地域計画論

今世紀になって生き物を中心に考える地域づくりが登場した。これまでの地域計画は人の暮らしを中心に考えた、社会基盤の整備を基本においた計画論であったが、生き物を中心とした計画論は、全く新しいパラダイム転換である。どちらの計画論も目指すところは、人々が安心して豊かに暮らせる社会の構築なので、大きな差があるわけではないが、生き物が持続的に生息できる地域環境の構築を旗印にすることによって、インフラのあり方、農業のあり方、教育のあり方などは大きく異なってくる。

二一世紀になって生き物がすむことが可能な地域を作る試みが始まっている。それは生き物を中心にした地域のあり方をさまざまな局面で問いただしていく地域づくりである。その中で、先頭を走っているのがコウノトリの野生復帰で有名になった兵庫県の豊岡市である（図

図1　兵庫県豊岡市のコウノトリの郷公園で飼育されるコウノトリ
日本では昭和四六年(一九七一)に野生個体は絶滅したが、飼育下において近年一〇〇羽を超えた。平成一七年(二〇〇五)より野生放鳥が始まり、豊岡ではコウノトリと共に生活するまちづくりが始まる。コウノトリの餌、巣作りのため、農業のあり方、公共事業のあり方などが変わっていく。米のブランド化など地域経済の発展にもつながりつつあり、生き物を中心とした新しい地域計画論として注目を集めている。

1)。コウノトリ事業に端を発し、米のブランド化、観光客の増大、地域に対する誇りの高揚、全国からの市職員募集への応募など、予想しえなかった大きな広がりを見せている。佐渡においても昨年、トキが野生復帰に向けて試験放鳥されたが、これを契機に佐渡は変わろうとしている。この二一世紀になって登場した生き物と共生した地域計画論がどのように発展していくのかは未知数であるが、トトロ型国家構築への一つの道程であることは確かであろう。ここでは、コウノトリを例にその経緯を見てみたい。

昭和四六年(一九七一)に兵庫県の豊岡市で最後の野生のコウノトリが捕獲され、日本の野生のコウノトリは消滅した。その後、兵庫県立コウノトリの郷公園などで保護増殖が行われ、現在では一〇〇羽を超えるまでになった。平成一七年(二〇〇五)九月野生復帰のための試験放鳥が豊岡で開始された。コウノトリを野生に復帰させるためにはドジョウ、カエル、昆虫などの餌が豊富にあること、それらの餌が農薬で汚染されていないこと、それらの餌が生息できる環境が量的に確保できていること、営巣することができる高い木が存在することなどが必要であり、農業のあり方や公共事業のあり方など、そこに生活する人の暮らしを変えていくことが必要である。

豊岡市および豊岡市民はこのような状況に対応するためにさまざまな対策や活動を行っている。その行動指針ともいえるのが平成一四年(二〇〇二)に制定された「コウノトリと共に生きるまちづくりのための環境基本条例」である。この条例は合併によって変更されているが、その精神は継続されている。当時の条例の前文に意気込みが語られているので、少し長くなるが引用したい。

「私たちのまち豊岡は、緑豊かな山々に抱かれた豊岡盆地に拓け、まちの中央をゆるやかに流れる円山《まるやま》川をはじめとする豊かな自然の恵みを受けて、今日の繁栄を築いてきた。特別天然記念物コウノトリもまた、そのような豊岡の自然の中で人々とともに暮らしてきた。

コウノトリは、かつて各地に見られたが、高度経済成長の進行に伴う環境破壊等によって絶滅への道をたどり、豊岡盆地一帯が最後の生息地となった。

そのような中で、種を守るために保護運動が始まり、人工飼育が進められたが、四半世紀を経ても新しい命を目にすることはできなかった。

しかし、平成元年(一九八九)の早春、ついにヒナが誕生し、私たちは感動と歓喜に包まれた。今私たちは、コウノトリを再び野に帰すための地道な努力を続けている。このように私たちは、コウノトリの絶滅と復活の歴史を目撃し、体験してきたのである。

一方、コウノトリを絶滅の淵に追いやった飛躍的な経済社会の発展と生活様式の変化は、環境への負荷を増大させ、地球温暖化、ダイオキシン、環境ホルモン等にみられるように、今や地球環境と人間の生存自体をも脅かすまでに至っている。

私たちは、まさに人間自身の課題として環境問題に全力を挙げて取り組まなければならない。

このような認識に立つとき、私たちは、人がコウノトリと共に生きていくことができる環境こそは、人にとってもすばらしく豊かな環境であるとの確信に至るのである。

今こそ私たちは、英知を結集し、人と自然が共生するまちづくり、循環型のまちづくり及び環境にやさしい人づくりを柱として、コウノトリと共に生きるまちづくりを進め、人と自然の輝くまち・豊岡を将来の世代に継承していくことを決意し、ここに、この条例を制定する。」

本当に心のこもった前文である。このような前文が書けるということは、書いた人が本気になっている証拠である。コウノトリに関して豊岡市では、一般市民、農民、民間企業、市、県、国などが協力しながらさまざまな取り組みを行っている。円山川の自然再生、生態系保全型水田の整備、コウノトリの郷公園の設置、有機農業・無農薬・減農薬農業の推進、ビオトープ水田作り、米ブランドの「コウノトリの舞」の商標登録、コウノトリ基金、コウノトリをシンボルとした環境教育の推進などである。特にコウノトリの郷公園の取り組みは目が離せない。エコミュージアムとして地域の各機関をつなぐ役割を果たしている。「たまり場作り」、「日常を展示する」、「遊び心の演出」など、そのキーワードを見ただけでわくわくしてくる。「単に自然物を保護しているのではなく人間の営みとともに保護することがコウノトリの保護でも必要です」と語るコウノトリの郷公園で野生復帰に取り組んでいた池田啓さんの言葉がコウノトリの野生復帰の進め方をよく表していると思う。自然再生は地域再生と連携することが必要なのである。

新しい川の整備手法

それでは本題の川づくりについて見てみたい。現在、国土交通省では川づくりの手法を大きく変更しようと「多自然型川づくり」を「多自然川づくり」と名称を変えて実施している。私は、この政策展開を行うための技術的サポートを行う「多自然川づくり研究会」の座長をさせていただいている。

さて、「多自然川づくり」という言葉をご存じない方も多いことであろう。「多自然川づくり」とは「河川全体の自然の営みを視野に入れ、地域の暮らしや歴史・文化との調和にも配慮し、河川が本来有している生物の生息・生育・繁殖環境、並びに多様な河川風景を保全あるいは創出するために、河川の管理を行うこと」と少々長い定義がされている。要は、洪水防御とともに自然環境や景観への配慮を行う環境統合型の河川整備手法のことである。このような動きは世界全体で同じように進んでおり、スイスやドイツ南部では近自然河川工法、学術的にはIntegrated River Management（統合的な河川管理）と呼ばれている。スイスのチューリッヒ州のクリスチャン・ゲルディー氏が近自然河川工法をはじめたが、スイス、ドイツ南

図2　近自然河川工法の父　スイスのクリスチャン・ゲルディー
バイエルン州の職員として多くの河川を近自然化した。温厚な人柄とリーダシップ、確かな技術力は多くの人の尊敬を集めている。

部へと広がっている。クリスチャン・ゲルディー氏は日本に何度も訪れ、各地講演や技術指導を行っていて、私の友人でもある。（図2）。

さて、河川は洪水がつくった自然の流路であるので、「川づくり」という言葉に違和感をもたれる方もいらっしゃるのではないだろうか。川は自然がつくるものなのに、「川づくり」とはおこがましいと。まことにその通りなのであるが、実は「川づくり」という言葉は「まちづくり」に対応した呼び方である。「川づくり」に先立つのが、「まちづくり」である。「まちづくり」の歴史は古く一九六〇年代ごろより横浜、京都、東京などで行われるようになり、昭和五六年（一九八二）

に神戸市で、昭和五七年(一九八二)には世田谷区でまちづくり条例が制定され、「まちづくり」が定着していく。一方「川づくり」という言葉も、住民参加型、多様な主体が参加する河川整備について呼ばれているのであり、「多自然川づくり」という言い方もあながちおかしくはないのではないのかというのが私の考えである。

さて、平成二年(一九九〇)に建設省(当時)によって「多自然型川づくり」の通達が出され、河川改修時に生物の良好な生息環境に配慮する川づくりが始められた。これは公共事業の中で最初に開始された生物に着目した事業であり、平成一〇年(一九九八)に制定された第五次全国総合開発計画の中に「多自然居住地域の創造」が盛り込まれるなど、多自然という概念は社会に大きな影響を与えた。「多自然型川づくり」は平成一八年(二〇〇六)「多自然川づくり」と名称を変え、内容も充実され、それに伴い平成二〇年(二〇〇八)中小河川の技術基準が定められ、技術的側面での川づくりの方針が大きく変えられた。多自然川づくりを行うには、土木技術者だけではなく生物や景観の専門家、住民等との協働などが必要であり、協働型の河川整備手法と言ってよい。

「多自然型川づくり」は、スイス・ドイツで行われていた近自然型河川工法を参考に一九九〇年代に日本に導入されたものであるが、近自然河川工法はランドシャフトの保全を基本理念の一つに据えている。ランドシャフトとは、「土地や植物、人の暮らしなどを感覚を通して感じること」と解される。日本語では「風景」という言葉が一番近い概念である。英語でいうとランドスケープである。

このようにして誕生した多自然型川づくりであるが、最初は理念のように十分に進まなかった。そのため、国土交通省は平成一六年(二〇〇四)、「多自然型川づくりレビュー委員会」を設置し、それまでに行われた多自然型川づくりを評価した。そのレビュー委員会では以下のような批判がなされた。「先進的な事例はあるものの全体的なレベルが低い」「竣工後その効果が検証されていない」「多自然型川づくりによってかえって自然が壊されているのではないか」「環境ブロックを導入すれば多自然型川づくりと思っている技術者が多いのではないか」「多自然の多という字のために、とにかくいろんな環境を川の中に作ろうとして、その川本来の環境を壊している」「局所的で、その場所しか見ていない」「その川の特徴を理解して多自然型川づくりは行うべきであるが、物まねが多い」「流量の変動など河川環境にとって重要な考え方が抜け落ちている」「自然環境に重点が置かれすぎており歴史文化の視点が欠けがちである」「大規模な災害復旧は環境への影響が大きいが、その際の多自然型川づくりが不十分である」などである。その結果、優れた事例はあるものの、平均点が低く、さらに一層進めるための施策の展開が必要であるとの結論を出した。

レビュー委員会の答申を受けて、「多自然型川づくり」は、「多自然川づくり」と名称を変え、平成二年（一九九〇）の多自然型川づくりを基本的に継承し、①個別箇所の多自然型川づくりから河川全体の多自然へ、②生息、生育環境に加えて繁殖環境を明示、③地域の暮らしや歴史・文化への言及、④工事のみではなく河川管理全般を視野に入れる、など内容が充実された。

その後の施策展開としては、大規模災害復旧時における多自然川づくりアドバイザー派遣制度の創出、中小河川の技術基準の設定など、多自然川づくりを進めるための制度が整えられつつある。

中小河川の技術基準によって、中小河川整備の基本的な手法は、大きく変更された。これまで洪水の流下能力を増大させる時には、川幅拡大とともに河床掘削が行われていたが、原則として河床掘削は禁止され、川幅を広げることで対応することになった。都市部で拡幅が難しいところでも、掘削深は六〇cmを上限とすることになった。川幅を広くとることによって、川は自由に流れることができ、川自身の力で川を作ることができるようになるので、河川の環境保全にとって望ましい方向の基準となっている。ヨーロッパにおいても「川に空間を（river needs more space）」が合言葉であり、広い空間の確保が川の環境保全にとって重要なことは世界共通の認識である。

また、川の蛇行は基本的に活かした改修を行い、自然環境の良好な場所では片側改修の原則（片側だけの改修であれば、半分は保全できる）が定められた。このような方策により、河川改修時に流速が増加することが抑制され、洪水の時でも魚などが流されない、護岸の強度に余裕が出る、下流に洪水が集中しないなど治水機能の強化も含めたさまざまな利点がもたらされる。

また、住民や行政団体が川づくりで困った時に相談できる窓口である、多自然川づくりサポートセンターも発足した。今後、多自然川づくりの趣旨が十分に理解され本格的に普及することが期待される。

新しい川づくりを見てみる

◉精進《しょうじん》川

新しい事例ではないが、日本で最初のころに行われた多自然川づくりで、私たちに衝撃を与えたのが北海道の精進川である(図3)。当時、改修前と改修後の写真は逆じゃないかとずいぶん言われたものである。

北海道札幌市の中心を流れる精進川は、洪水用の放水路が建設され、洪水の心配が無くなった河川である。平成四年(一九九二)から再改修を実施し、コンクリート護岸が外され、住宅街の中に見事に自然的な河川がよみがえった。北海道札幌土木現業所の人たちは、計画を立てるときに、周辺に住んでいる女性を委員とする検討会を作り、いつも川に接している人の立場からの川づくりを行った。川は自然な形で蛇行し、水深はやや浅いものの、コンクリートの護岸は取り去られ、流れも緩やかに蛇行して、本当に自然の川のようである。改修後の写真には木の周りに、石のようなものが見えるが、壊したコンクリートブロックを上手に再利用し、木の周りが流されないように保護した。

図3　精進川
上：改修前は両側がコンクリート護岸で固められた直線の一般的な河川であった。
下：多自然型川づくりが行われた後。護岸は外され、川は曲げられ自然の川のようである。樹木の周りの石状の物体は取り壊したコンクリートブロックを再利用したもの。平成四年(一九九二)から再改修が行われた事例であるが、現在見てもその技術力には驚く。当時、川づくりに携わる人たちに大きな衝撃を与えた写真である。

「放水路があって洪水が起きないから、大胆な改修ができたんだ」とも言われたが、私にとっては衝撃的なことであった。

◉山附川《やまつき》

さて、最近の例を紹介したい。

宮崎県高千穂町の山附川は平成一七年（二〇〇五）、洪水に見舞われ大きな被害を受け、激甚災害緊急特別事業（通称：激特）が採択された（図4）。筆者が多自然川づくりアドバイザーとして、現地で町の担当者の方にアドバイスさせていただいた思い出深い災害復旧である。

これまでの急流河川の改修ではコンクリートで固められた流路工[1]による改修が基本であり、コンクリートの落差工[2]と台形断面の三面張りによる画一的な断面で整備されることがほとんどであった。しかし、この災害復旧では、洪水流により川は広がり、大きな岩が川の中に点在していた。災害復旧にあたっては、横方向に浸食され広がった川幅や当時の流れを推

1　コンクリート三面張りと落差工でつくられた河川工法のこと。
2　水の流れる力を落下方向に向けることで水流の勢いを低減させ、河床の勾配を緩和させるために流路に落差を生じさせる構造物を設置すること。

図4　山附川
上：大きな蛇行が残された。これまで上流の河川整備は三面張りの流路工が中心であったが、このような川づくりも可能になった。
下：工事後。護岸は深目地と呼ばれるコンクリートが見えない工法が用いられている。石の間には土がつめられ、植物が植えられた。

測し、浸食が起こった場所では川幅を狭めずなるべく広く確保し、改修後の流速が速くならないように工夫された。そのため大きな岩もなるべく取り除かずに工事が行われた。自然に形作られた大きな岩が絡まった落差は残すが、人工的な落差工は設置せず、川の蛇行もそのままにした川づくりが実施された。したがって、川幅も場所によって、広い所や狭い所があり一様にはなっていない。護岸は玉石を積み、その裏側にコンクリートを流し込んで補強した練り石積みという工法が用いられた。コンクリートが見えないように工夫し、のり勾配（護岸の斜面の傾き）には変化をつけ、景観にも配慮された。石の間には土を詰め、地元の方や業者の方々のボランティアによって植物が植えられた。わが国で初めての、本格的な急流河川における多自然川づくりが完成した。

出来上がりをみると、これまでの三面張りの河川から、景観は大幅に改善していることがわかる。地元の方々は大きな岩には思い出があり、大きな岩を残したことは地元の方にとても評判が良いそうである。これは、思ってもみない効果であった。川の水深は以前より浅いという話であるが、これまでのコンクリートの三面張りに比べると生物のすみかとしても機能している。

なぜこれまで、このような改修ができなかったのであろうか？　災害復旧は時間的にも精神的にも追い詰められた中で、事業が執行される。担当の技術者は環境にまで気を配る余裕もなく、もしあったとしてもどのようにして良いのかがわからない。そういった意味では、アドバイザー制度や技術基準やガイドブックなどは有効なのだと思う。筆者はアドバイザーとして被災後現地にてアドバイスを実施したが、ある意味ではかなり大胆なアドバイスであったにもかかわらず、現地にてそのアドバイス通りに川づくりを実施した高千穂町をはじめ関係者の方々の努力には頭が下がる思いである。

◉板櫃川《いたびつ》

北九州市街地を貫流する板櫃川は、両岸を切り立った護岸で固められ、かつ上下流方向には台形断面の河川である。水質は下水道が整備され、ＢＯＤ一mg／ℓ程度のかなりきれいな河川である。この河川では、北九州市が多自然川づくりを熱心に行っており、場所により川づくりの形態が異なる。筆者の所属する九州大学では、板櫃川を対象に河川形状と魚類生息状況の関係を研究している。また、板櫃川の高見地区では「水辺の楽校《がっこう》」が計画されその設計にも協力したので、その結果についてお話したい。

板櫃川では川の形態と魚類生息状況の関係をわかりやすくするために、典型的な二つのタ

図5　板櫃川のA・Bタイプ
上：タイプA。川の中には大きな石がなく、平らで浅い川になっている。完成してから二年しか経っていない。
下：タイプB。五〇年前に改修が行われた区間。河川の中の大きな石が噛み合い瀬となり、その上流には深みができている。時間の経過と大きな石の相互作用により多様な環境となっている。

イプを抽出した(図5)。Aタイプの川は一年前に多自然川づくりが行われた区間で、川の中の比較的大きな石を取り上げて、川岸の遊歩道を守るために一列に置いて整備された区間である。改修してからの時間がたっていないこと、川底を平らにしたこと、大きな石を取り上げたことなどから、残念ながらきわめて単調な環境となっている。

Bタイプは五〇年前に改修が行われた区間で、川の中の大きな石をそのままにして川の流れに任せて放置した区間である。おそらく改修当時は川底を平らに施工したと思われるが、長い年月を経て、大きな岩が現れ複雑な流れとなっている。物理的な環境のなかでも水深に大きな差があり、A区間は平均水深一〇cm程度、最大二五cmである。一方、B区間は平均水深二〇cm程度、最大七五cm程度である。また大岩の密度はあきらかにB区間が多くなっている。捕獲魚種数はAタイプは六種類、Bタイプは七種類とフナ類がAタイプに見られないものの種類数に大きな差はない。しかし魚類の体長には大きな差がある。オイカワについてみると、Aタイプでは四cm以下の仔稚魚のその年に生まれた魚がほとんどで六cm以上の個体は捕獲されなかった。一方、Bタイプは三cm程度の仔稚魚が多いものの一〇cmを超える個体も捕獲されるなど成魚も生息している。

以上のようにAタイプに比べてBタイプの方が魚類の生息に適している。この差はどうして生じたのだろうか？　二つの理由があると思っている。一つは、大きな岩の有無である。Ａタイプは大きな石を川底から取り上げて水際に置いたが、Ｂタイプは岩を取り除いていない。Ｂタイプは大きな岩があるため、岩同士が噛み合って瀬に、岩の周りが掘られて深い淵になり、環境が多様になった。もう一つの点は、改修してからの時間がＡタイプとＢタイプでは五〇年程度の差がある点である。Ｂタイプも改修直後は単調な環境であったが、その後の出水などにより砂がたまったり、大きな岩の周りが掘られたりして環境が多様になったと考えられる。Ａタイプも時間が経過すれば現在より多様な環境になるが、川の中の岩が無くなっているので、Ｂタイプほどの水深の深さにはならないと予測される。

この結果から、時間の経過によって環境は回復するが、河川環境の骨格を決める仕組みがないと十分に回復できないことが理解できるであろう。板櫃川では、骨格を決める重要な要素が大きな岩だったわけであるが、川の曲がり具合、川が自然の営みができる川幅を持っているか、季節的な出水、上流から流れてくる土砂なども河川の環境の骨格を決める重要な要素である。

さて、北九州市は板櫃川の高見地区の水辺の楽校の設計時に九州大学に相談にこられた。この区間は、周辺の土地を購入し、広い空間を確保し子供たちが水辺で学ぶ場所を整備する

図6　九州大学での実験
洪水のとき、どこが削れやすいかを見ている。実験をすることにより護岸設置の必要範囲を決めている。

ことを目的に計画されたものである。大学で高見地区の水理模型実験を行い、護岸の必要範囲と全体的なデザインについてアドバイスを行った。移動床水理模型実験（川底に砂をしいて、川が削れるかどうかわかるようにした実験）を行ったため護岸は最小限となっている（図6）。

その結果川幅の広い部分は河岸をなるべく固定させず、低水路を広く取り、自然的な空間とし、川の自由な営みを許容させた。一方、陸側は人間が利用する空間として公園として整備された。その結果、川は蛇行し、川底近くには湿地的な環境が再生されている。都心部にあることから来訪者も多い（図7）。

図7　川の自由な営みを許容する板櫃川
人の利用する空間と自然の空間がなだらかに連続している。水際で遊んでいる時に夕立があっても簡単に逃げることができる。陸と水を緩やかにつなげることが人にも生き物にもやさしいのである。

◉五ヶ瀬川《ごかせ》

宮崎県の延岡市を貫流する五ヶ瀬川は、平成一七年(二〇〇五)九月に発生した台風一四号により、軒並み戦後最高となる水位を記録し、大きな浸水被害が発生した。このため、これらの被害を短期間に計画的に軽減するため、同年一一月一八日に「五ヶ瀬川激甚災害対策特別緊急事業」が採択され、二〇〇五年度〜二〇〇九年度の五カ年間で集中的に河川改修が実施されることになった。

延岡は、五ヶ瀬川と大瀬川を中心に町並みが形成された城下町であり、昔から豊かな水と自然景観に恵まれている。同時に水害との闘いの歴史があり、数多く祭られている水神などから、川の恩恵とともに川と闘いながら

図8　五ヶ瀬川の畳堤
スリットが見えるのが畳堤。洪水のときに畳を挟んで水を防いだ。昭和初期に作られたと言われている。

生活を営んできたことを感じ取ることができる。また、五ヶ瀬川は「畳堤《たたみてい》」でも有名である。畳堤は堤防の上に畳を挟むための橋の高欄状の構造物である(図8)。畳の厚み分の隙間が空いた土台が設置してあり、豪雨時、河川が増水し、町が浸水する危険が予知されると、この隙間に畳をはめて越水を防いだと伝えられている。

さて、市街中心部の北町・本小路地区では、激特事業により駐車場やグラウンドとして利用されていた幅約七〇mの高水敷を幅一〇m、河床も約一・五m掘削されることとなった。北町・本小路地区には「畳堤」が残されていること、流れ灌頂《かんじょう》(燈籠流し)、大祓祭、出初め式などの行事があること、市の中心部でもあり景観にも配慮する必要があることから、地元住民、消防団などの関係団体、行政からなる「北町・本小路地区護岸整備を考える会」により実施案が検討された。私たちの研究室はアドバイザーとして考える会に参加し、学生に模型を作ってもらい原案を提案した。「考える会」での検討内容は主に散歩や景観、水辺の人の利用、消防水利、流れ灌頂などの祭りなどに関してであったが、生き物の生息環境にも配慮し、水際をなだらかな勾配にするように提案した。延長約七〇〇mの中央部は消防水利を考えて、護岸は急で水際まで深くなっている。

北町・本小路地区は河口から近く汐の影響を受け水位が変化する。干潮の水位と満潮の水位の間を潮間帯と呼んでいる。潮間帯にはいろいろな生物がすむことが知られているが、これまでの河川改修では、護岸のすぐそばまで掘り下げてしまうので潮間帯が無くなってしまう。北町・本小路地区では、景観や川の利用とともにこの潮間帯を保全することを考えて、水際に緩やかな傾斜を残している(図9)。

潮間帯を残した工法は本当に効果があるのだろうか? そこで、潮間帯を形成した場所(A)と消防水利のために直立した潮間帯がない護岸(B)の底生動物を調査した。潮間帯を残した河岸(A)では昆虫類・貝類などが多く、多様性が高い(多様度指数=〇・七三)。従来型護岸

図9　五ヶ瀬川の整備手法
切り立った場所が消防水利のために水深を確保したところ。従来の感潮域(海の潮汐の影響を受ける河川下流域)の河川改修では潮間帯を残さないのが一般的な手法であった。一方、手前側は潮間帯を残した整備手法。底生動物の多様性はなだらかな川岸のほうがずっと高い。

(B)はイトゴカイが多数を占め、多様性は低い(Bの多様度指数＝〇・二四)。緩やかな勾配では潮汐や流れの影響を受け、横断方向に連続的に粒径・地盤高が変化しているが、直立の護岸の前面は粒径・地盤高などの物理環境も変化に乏しい。Aではカニやミズギワゴミムシなども採捕されているが、Bはイトゴカイが多数を占める。

氾濫原の再生に取り組む——アザメの瀬

ここで川の自然再生の事例を紹介したい。

わが国でもっとも有名な自然再生は釧路湿原であるが、釧路湿原は規模が大きく、また人と湿原の直接的なかかわり合いがわかりにくい。日本の自然は人の営みとともにあり、自然再生の基本形を人と自然の関係が強くみられた水田地帯や琵琶湖の内湖などで考えたほうがいい。自然保護的な自然再生も必要であるが、一般的な事例と考えないほうがいい。

そこで、農村における氾濫原的湿地であるアザメの瀬を紹介する。佐賀県の唐津市を北流する一級河川に松浦川という河川がある。そこで「アザメの瀬自然再生事業」が国土交通省により行われた。アザメの瀬地区より上流に駒鳴《こまなき》という大きな蛇行部があった。洪水の時には、蛇行のため上流の水位が二ｍも上昇し、上流の平地は毎年数度も浸水するという状況であった。常習洪水を解消するため、その大きな蛇行部を直線化し流れをよくしようという計画が三〇年ほど前に決まった。しかし、下流にも常習水害地帯があり、その対策が終わらない限りショートカットはできなかった。さまざまな下流対策の最後に残された地区がアザメ

図10　松浦川アザメの瀬　平面図
出水時には下流から水がアザメの瀬に浸入する。この水に乗って魚や植物の種が運ばれる氾濫環境に依存した生物に重要な場所だ。

図11　洪水時のアザメの瀬
出水でこんなに水が入る氾濫原湿地が再生された。

の瀬である。アザメの瀬は人家が一戸も無い約六haの水田である。アザメの瀬地区に対しては、いくつかの洪水防御対策が計画されたが、堤防を建設すれば農地の三分の一がつぶれ多大な経費がかかることから、用地買収により治水対策が実施されることになった。

アザメの瀬自然再生事業はその跡地を利用して行われた事業である(図10、11)。事業は平成一三年(二〇〇一)よりメンバー非固定の自由参加による検討会方式で行われた。この検討会は継続しており平成二一年(二〇〇九)五月現在八〇回以上を重ねている。そのほかにも老人会、婦人会、子ども会、シンポジウム、現地見学会などを行い、検討会に参加できない人にも意見を述べる機会と情報を提供している。開かれた意思決定システムとなっている。

松浦川中流部は、比較的自然が豊かな農村地帯であり、事業当初、自然再生事業に地域住民の賛同が得られるかどうかが心配されたが、それは杞憂であった。多くの住民は、過去に比べて生物が大幅に減少していることを残念に思い、自然再生を希望していることがわかった。かつて、多くの住民は水田や河川で魚貝類を採って遊び、生物と触れ合っていた。その遊びは年長者から年少者へと伝えられており、生き物を介して人と人のつながりがあった。遊びで採った魚貝類は、生活の糧にもなった。当時の水田はいったん雨が降れば川からの水で水没し、多くのナマズやフナ、ドジョウが産卵に来ていたが、現在では河川改修による河床の低下、圃場《ほじょう》整備による水路の人工化などにより川と水田のつながりは無くなり、それらの魚貝類は激減したのである。

そこで、アザメの瀬では、水田の標高を切り下げ松浦川とアザメの瀬の水の連続性を再生した。出水の時には、アザメの瀬の下流部の切れ込みから水が流入し、その水に乗って多くの魚が産卵に来る。そのような場を再生しようというのである。また一部に棚田を再生し、子供たちに田植えを経験させようとしたのである。川と湿地をつなげることにより、人と生き物のつながりが再生され、人と人のつながりを再生する。つながりの再生が目標とされたのである。一部完成後、洪水の時にはナマズやコイ、フナなどが産卵のためにアザメの瀬に進入する様子が毎年見られ、氾濫原湿地の再生は現在のところ成功している。アザメの瀬内に設けられた池には二〇cmをこえるドブ貝が多数見られるようになった。地元にはNPO法人アザメの会が誕生し、小学生に田植えや魚とりを教えている。この小学生との触れ合いがアザメの会の人たちが活動を続けるエネルギー源になっている。おそらく、子供たちとの連携がなかったならば、活動はとん挫したであろう。湿地を再生することにより、魚貝類が戻り、人と人のふれあいが戻ったのである。

日本では氾濫原がもともと持っていた環境機能は水田と営農作業において長い間維持され

てきた。それが、河川改修による水位の低下、堤防の築造、圃場整備などによって、それらの機能は失われてきた。それらの一部を取り戻そうとしたのがアザメの瀬自然再生事業である。

都市においても河川の再生は可能か？

都市においても多自然川づくりや自然再生は可能なのであろうか？

その答えの一つが、土木学会デザイン賞の最優秀賞を受賞した、横浜の和泉川である（図12）。和泉川は横浜の住宅街を流れる小河川であるが二〇年前までは、鉄の直立の矢板護岸で、フェンスに囲まれた河川であった。横浜市の努力により、護岸を撤去し周辺の斜面林と河川を一体化させ、都市に潤いのある空間をよみがえらせた。都市郊外の住宅地を流れる川の一つのスタイルを示した。都市域だから空間に制約があるという既成概念を覆し、長い時間をかけて崖線の斜面林と一体的空間を確保し、都市域に見事に自然的な空間を再生した。水辺と樹林地がセットになった空間が中小河川の風景として優れていること、都市の中にこ

図12　和泉川
上：改修前の和泉川。この写真を見ていい川が再生できると思うだろうか。横浜市の職員だった吉村さんは、昔、あの丘陵までを将来、川にするのだと熱く語っていた。長い年月をかけて土地を確保し、腕のいい技術者によって川はよみがえる。
下：都会の中とは思えない空間が再現された。とても同じ河川とは思えない。土地を確保するという長期戦略は見事に成功した。

そ自然が必要なことを実感させてくれる。たくさんの人が散歩し、くつろぎ、子供たちは川の中で遊んでいる。自然的な川は都市河川の理想像の一つである。

和泉川の例を見ると都市の河川においても周辺の土地との連携を図ることができれば、自然としての質の高い整備が可能なことがわかる。北九州市の板櫃川の例においても、一部の区間でよいから空間を広くとることによって、自然は回復し、人と自然のかかわり方も回復する。東京の石神井《しゃくじい》川、善福寺川なども周辺には多くの緑地が存在する。その緑地のほとんどは昔、川沿いの氾濫原で水田として利用されていたところである。公園と河川を一体的に整備することによって、都市河川であっても、都市の中に自然の空間をよみがえらせることはできる。自然が少ない都市にこそ自然の営みが見られる水辺の再自然化が必要なのである。

自然の仕組みの再生と社会との関係性の構築

以上述べてきたように、二一世紀は環境再生の時代であり、自然再生や多自然川づくりを進めることは時代の流れと考えてよいであろう。そしてこれらの動きは持続可能な国土形成への大きな変革の兆しと考えることができる。

それでは、最後に、自然再生をめぐる以下の点について述べておきたい。

自然を再生するときに間違えられやすいのが、自然再生は元にあった自然をそのまま戻すことと思われがちなことである。自然再生は元の自然をそのまま戻すのではなく、自然の仕組み、システムを戻すことが重要である。本来生息していた生物がすめる自然の仕組み(環境といってよいが)を人の暮らしと共生した形で整えるということである。アザメの瀬であれば、洪水の時に川の水が増水し、湿地とつながるということが自然の仕組みの再生に当たる。このときの観点として重要なのは、持続性(サステイナビィリティー)である。この仕組みの再生が一過的ではなく持続的であることが重要である。また自然再生の維持に人為が関与してもかまわない。水田稲作が延々と続けられて水田生態系が維持されてきたように、持続可能であれば人の管理が加わった形の自然再生でもかまわないのである。

次に自然を再生する時には社会との関係を十分に踏まえることが必須である。自然が劣化しているということは、そこに人の暮らしが営まれている証拠である。自然を再生する時には逆に人の営みにも影響を与えかねない。したがって、コウノトリで見たように自然再生を実施することによって社会との関係がなるべくプラス方向に変化するような仕掛けと住民参加が重要である。

これから私たちはまた数十年かけて自然の力を生かしながら、自然と共生した国土を形作っていかなければならない。

第4章

美しい川のある風景
——環境美学からの提案

北村眞一

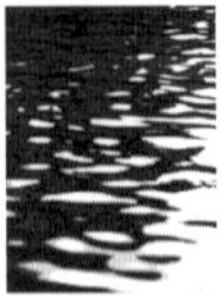

景観の時間的変化と調和

◉河川の四つの特性

河川は自然と人間の関わりから、四つの特性にまとめられる（図1）。

自然の川では、普段は降った雨は地表や地下を流れて河川を形成するが、梅雨時の集中豪雨や秋季の台風により土砂崩壊、氾濫が起こる。こうした災害や洪水を制御することを「治

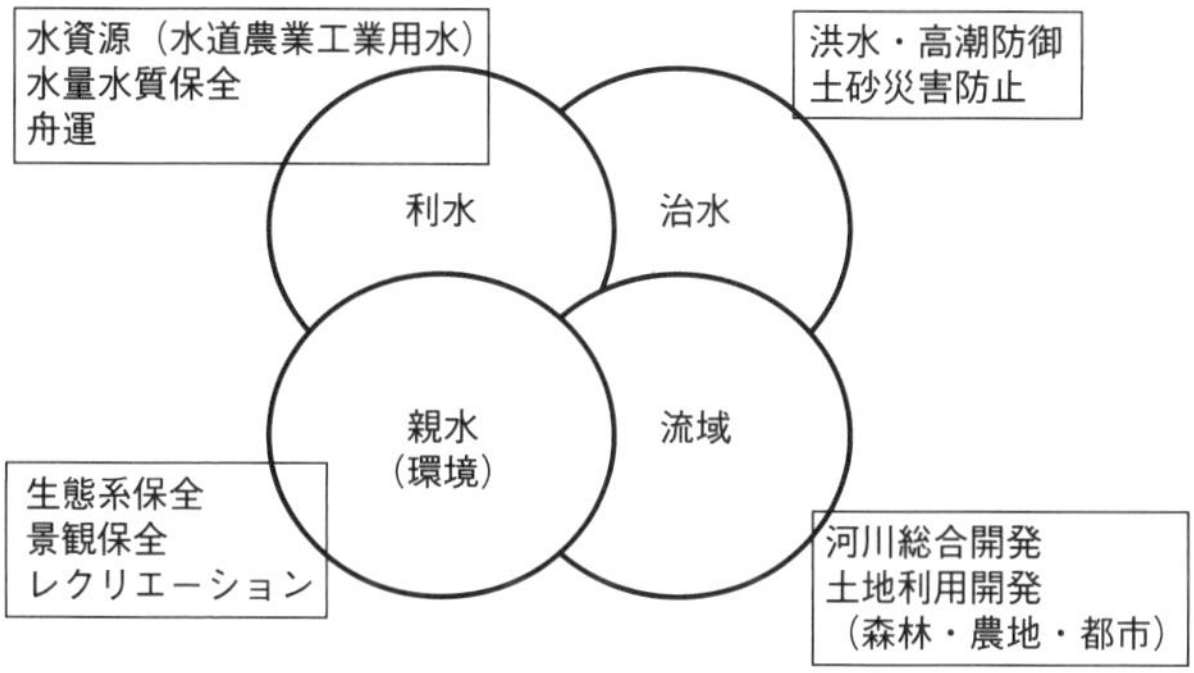

図1　河川の特性
わたしたち人間にとっての河川の特性は、大きく四つに分けられる。

水」と呼んでいる。川の水流は用水、水運、漁労など、人間にとって生存や生活上有用な資源として使われ、これを「利水」と呼んでいる。川の自然空間は、野生生物の生息空間、水流と親しむレクリエーション空間、渓谷や滝や河原の自然の魅力が景観価値を生み、観光資源ともなる。これを「環境」と呼んでいる。また川を水系として捉えてきたが、集水区域を「流域圏」として、川と土地開発の水循環を一体に捉える必要が生じてきている。

明治二九年（一八九六）、「森林法」、「砂防法」と並び「河川法」が施行された。河川は各県で管理されていたが、国は県をまたがる重要な河川の「治水」を重点に管理した。その後、農業の慣行水利権、発電用水、上水などの「利水」管理の必要から、昭和三九年（一九六四）に改正され、新「河川法」が施行される。さらに工業化や流域開発による水質、生態系、景観などの保全が課題となり、平成九年（一九九七）に「環境」を管理する目的が加わった新しい「河川法」が施行された。

「環境」の観点からは、「水質汚濁防止法」が昭和四五年（一九七〇）に、「生物多様性条約」が平成四年（一九九二）に、「環境基本法」が平成五年（一九九三）に、「環境影響評価法」が平成九年（一九九七）に、「循環型社会形成基本法」が平成一二年（二〇〇〇）に、「景観法」が平成一六年（二〇〇四）にそれぞれ施行され、環境の法的な管理体制が徐々に確立しつつある。

本稿では、「環境」の中の「景観」を取り上げて、河川管理のあり方について考えてみたい。

◉景観の変化と調和

人間の眼に映る環境を見て人間は何かを感じ何かを思うのである。「風景」という言葉は、哲学をはじめ人文科学の分野で使われることが多い。それに対し「景観」は、地理学、法学、農学、工学などの分野で使われる専門用語となっている。現象や紛争からみれば、人間が管理する都市や地域のあり様と制度を考えようとする。ものづくりの分野である農学や工学では人間の視覚的な図像のあり様を解析しようとする。この言葉のあらわす世界は、分野ごとに分析する立場や重点こそ違うが、分析しようとする現象は一つであり、多分野で補完的に「景観」をつくり、守り、育てることを行っている。いずれにしても求められるものは、景観を物理的に操作し、社会の規範を操作するという術である。

いかなる風土のいかなる社会がいかなる景観を生むのであろうか。景観とは、人間社会と環境との相互の働きかけによって形成され推移する空間の姿である。篠原修は、『新体系土木工学 五九 土木景観計画』（技報堂出版）で、「視点」と周囲の「視点場」、見ている「対象」と周囲の「対象場」、「視点-対象の関係」を定義し、その管理技術を「操作論的景観論」として論じた。

景観は個人を越えて、様々な経済社会活動の総合的な調整の結果として生まれる。OECD（経済協力開発機構）では都市計画で目指すべき空間は、保健性、安全性、利便性、快適性のバランスであるとされる（日笠端『都市計画 第三版』共立出版）。K・リンチは、『居住環境の計画——すぐれた都市形態の理論』（彰国社）で、都市空間を形成する原理として、規範理論、機能理論、計画理論の三つを挙げたが、機能や計画は規範をつくり・変え・維持する原理と過程である。T・パーソンズ他は、『経済と社会』（富永健一訳、岩波書店）で社会システムとして、適応・目標達成・統合・潜在的な緊張の処理とパターンの維持の四つの段階から社会が改革され統合される過程を考察した。つまり常に世の中は時間とともに変化しており、一時的には違和感のある景観が出現するが、それも時とともに収まっていくように、バランスを取りつつ進むようにしなければならないのである。

◉景観を維持する規制

パリでは一七八三年にコーニス・ライン[1]という建築外枠線と素材・色彩が決められ、その枠を出てはならず、石造の建築とペントハウスの灰色屋根の曲線が連なる街路景観が形成されていた。また時代の異なる建造物でも、建物と道路と川は石造や鋳鉄の意匠が連続して統一を保ってきた。また歴史的建造物からの一定の距離以内で同時に見られる建築物は厳しい様式規制を受けてきた。その感性の制度を守ってきたのは建造物監視官であり、彼の許可がなければ建築が建てられない。しかし時代が変わり、昭和三四年（一九五九）に建物の形態を決める外枠線規制から敷地に対する建物の大きさと位置を決める規制（セットバックと容積制）に変わった。しかしその後建築線が不ぞろいになる等の混乱に陥り、昭和五二年（一九七七）再び形態重視の規制になった（鳥海基樹『オーダー・メイドの街づくり』学芸出版社）。イタリアでもガラッソ法[2]によりゾーニングがなされ、チェントロ・ストリコと呼ばれる歴史都心地区の建築物は

図2　京都・嵐山の風致地区

個々にランク評価され、外観と内観、建物用途変更が厳しく制限されている。日本でも文化財保護法に基づく伝統的建造物群保存地区では、材料、形態、色彩、意匠の規制があり、景観保存がなされている。東京丸の内では構造的限界と皇居前という社会制約から、一定の建物高の風景が継承されてきた。しかし超高層建築が可能になり、制約が緩和され、容積率制度へ移行し、建築線と高さは混乱した。京都では京都タワー、京都ホテル、そして京都駅は規範を破って景観を変えた。一方変化しつつもその姿を残したのは東京駅であり、京都御所であった(図2)。

　また河川では、「木工沈床《もっこうちんしょう》」、「聖牛《せいぎゅう》」（いずれも護岸

1　コーニスとは、洋風建築で、屋根の縁部分を装飾している部分のこと。軒蛇腹。一七八三〜一九五九年までのパリでは、コーニス高度と建物の外枠の線が決められ、統一感がかもし出されていた。

2　一九八四年に定められた、イタリアの都市景観法「環境価値の高い地域の保護に関する緊急規定法」の通称。当時、文化環境省の役人であったジュゼッペ・ガラッソが、国土全域の自然地形や環境を保全するために制定した。

工法のひとつ）などの伝統工法が使われてきたし、宅地、庭園、斜面地の保全には、特に景観規制はなかったが、技術的に崩壊しないように安定勾配の盛り土堤防、流れに耐える芝生植栽、石積み護岸などが使われてきており、それらは天然の素材として森林や集落と景観的には予定調和していた。また近代の文化的な景観を保全するために総合的緑化手法により地域景観を保全する「風致地区」の制度が大正八年（一九一九）の都市計画法で制度化された。京都桂川周辺の嵐山地域での指定が典型である。

時代とともに建設技術が変われば、一部の建築や一部の道路、一部の河川は部分的に異なる材料や意匠を纏うが、景観のバランスを取ることが望まれるのである。

◉日本における技術革新と近代化景観の出現

看板など屋外広告物の由来は古く、平城京や平安京の頃中国から伝来した。その後看板の形態は多様化し、文字看板が増え、明治維新の近代化とともに鉄道沿線に野立て看板が出現した。明治一五年（一八八二）東京銀座の街路には日本初の電灯がともされ、明治四〇年（一九〇七）頃には丸の内の三菱街には大きな電柱が立ち、電線が空を覆うまでに至った。江戸末期には外国人によって美しいと評価され、調和を保っていた江戸の伝統的な木造石造の町並、運河、河川、橋は、明治の近代化によってレンガ造や鉄骨造などが導入されて崩れはじめた。永井荷風はレンガ造の建物が景観に違和感を与えることを嘆いていたが、レンガ造はいつしか市民権を得るほどになっていった。その後明治初期にイギリスで発明されたポルトランドセメントが輸入され、明治六年(一八七三)東京深川にセメント工場が建設され、コンクリートが徐々に浸透した。戦後にプレキャスト・コンクリート製品が発明され現場での組立が容易になってくると、利便性と品質が高まり、急速に普及した。味わい深い石積みは、コンクリートやコンクリート・ブロック積みに替わっていった。河川でも堤防護岸、橋梁、堰など構造物は、土や石や木から鉄やコンクリートへと材料が替わり、それとともに横断面構造も変わっていった(図3)。今やレンガ造の水門などは少数派となった。

A・カーは、景観を醜くした原因としてコンクリートの多用、電線の混乱、安物工場建築、商業看板、野放しのバイパス、幼児化した空間などの横行、伝統的な文化と街並などの破壊、難題を放置する安易な行政を挙げ、厳しく批判した(A・カー『犬と鬼』講談社)。

◉景観はなぜ軽視されたか

『失われた景観』の著者の松原隆一郎は、戦後景観が軽視された理由として(一)経済中心の

図3　渋温泉付近のコンクリートの景観

川岸も法面《のりめん》も、コンクリート素材で覆われてしまっており、街づくりの観点において、自然との調和がなされていると言い難い景観ではないだろうか。

国づくり、(二)価値相対主義、(三)中央集権的景観行政と「量」にもとづく公平を挙げている(松原「景観法への経済的な期待」『都市計画』)。これは言い換えれば、戦後の経済危機を原因とする「貧しい生活観」から脱却ができない精神構造、お上のあらゆる規制への反発からの「価値評価と行動の野放図な自由」、客観的な数値の規制なら公平と考える「数値民主主義」となる。都市という限定された空間では民主主義的公平と自由の原理の制限の必要性は理解されず、個人の土地建物の外観は公共物でありながら財産権の自由が横行することとなった。

田村明は日本の政治経済的理由を挙げている。まず、種々の論点として、「文化や景観は貧しい時代には育たず、経済成長が達成されてはじめて取り上げられた」、「都市をつくるには強大な権力が必要で、日本にはそれがなかった」、「法的な制約で美しいものができなかった」、「主観的・感性的評価は行政に馴染まない」、「時代の急激な変化に対応しきれなかった」などの諸説があるが、いずれも決定的ではなかったとしている。そして根本的な理由として、「私の利益ばかりを優先させ、全体の利益を考えない利己的社会」、「ストックを考えないフロー経済」、「経済的な利益以外の感性や心の価値を認めない社会」、「都市を自分のものとして考え責任をもとうとする市民が不在」、「地域を自主的・総合的に経営できる自治体の不在」、「都市を利用の対象とし、都市に住む心を失った住民」を理由として指摘している（田村『美しい都市景観をつくるアーバンデザイン』朝日選書）。

国と自治体の関係は、主として国が法律などの制度をつくり、地方自治体が実行するという分担になっている。地方自治体は財政を抑制されており、財政面で政府補助金に頼るため、自治体の自主性は失われ、政府の責任が大きいものとなる。平成九年（一九九七）改正の河川法や平成一二年（二〇〇〇）改正の都市計画法では、市民団体や住民の政策への責任ある参加・参画が制度化された。政党や政治家は企業や地域住民の代表でありながらも実力が十分ではなく、政策の多くは行政に頼っているといわれる。一方住民は規制に反発するばかりで、「生活は豊かになったが、精神は戦後の貧しいままだ」「住民の発言は無責任だ」など市民としての自覚が十分ではないと指摘される。平成一六年(二〇〇四)には「裁判員の参加する刑事裁判に関する法律」が成立し、裁判員として市民が責任ある裁判へ参加する制度も発足し、市民はいよいよ無責任な発言をしていればよい時代ではなくなったのである。

◉景観形成の発展と時代区分

戦後、景観が問題になったのは四期あり、第一期は、高度経済成長後の「公害」の時代であるが、この時期は水俣病など生存の環境問題が大きかった。OECDの「保健・安全・利便・快適」の中では「快適環境」に景観は位置づけられたが、現実に景観管理はほとんど行われていなかった。第二期は、オイルショック後に日本の豊かさが再考され、自治体の「都市美」運動や、景観整備事業など景観づくりが始まるが、壁に絵を描いただけの問題事例も見られ、景観デザインの技術や管理の手法がまだ確立していなかった時期である。第三期は、バブル経済やリゾート法の時代に全国の都市の伝統景観地区や自然景勝地がマンション開発やゴルフ場開発などで破壊される危険が高まった時期である。この頃全国的に景観条例がつくられるが、開発抑制を意図する景観保全型政策であった。第四期に入って、長引く不況の後再び景気が徐々に回復し、景観整備と制度的な管理技術の研究が進み、本格的な景観整備が進展してきた。土木学会では平成一三年（二〇〇一）に「デザイン賞」制度を開始した。国土交通省から平成一六年（二〇〇四）に「景観に配慮した防護柵の整備ガイドライン」、平成一七年（二〇〇五）「道路デザイン指針（案）とその解説」、平成一九年「河川景観の形成と保全の考え方」（『河川景観デザイン』として丸善から出版）、平成二〇年（二〇〇八）「景観デザイン規範事例集」など本格的な指針類が発行され、実際に日本各地のガードレールは目立たない焦げ茶色に変わるなど国土の景観が変化していった。

平成一六年（二〇〇四）に景観法が制定された。景観法の転換点は、美観地区や風致地区のような既存景観の保全のみではなく、新たに創造する景観地区や景観重要施設のデザイン手法の開発にある。行政、コンサルタント技術者、そしてＮＰＯはデザイン技術の応用と地域の合意形成の的確な合体を担うのが役割である。あらゆる構造物の景観を形成し管理するのは市民社会である。市民を排除した景観整備はあり得ず、国民的な感性を尊重する美術教育の改革も必要である。景観デザインは市民が誰でも参加し、発言する「社会常識」にならなければならない。

戦後の景観政策の意義としては、豊かさに見合った生活空間の整備、景観を基盤とした観光産業の振興、インフラ整備の量から質への転換など行政や業界を中心としたものに加えて、市民の責任が加わったことが挙げられる。

紆余曲折はあるものの、ここまで景観の制度化を進めてこられたのは大変な成果である。

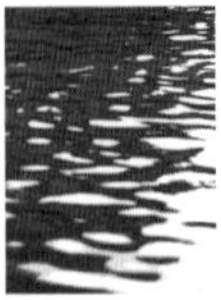

景観の美学

景観の魅力を表す質的評価は、大別して「美しさ」「きれいさ」「良さ」「好ましさ」「雰囲気の良さ」「潤いを与える」「満足する」などのような総合的な評価、「調和」「バランス」「統一感」などの個々の要素の集合体のあり方、「地域性」「個性」「賑わい」「活気」「自然性」など固有の特性評価に分けられる。

景観の美しさを感じる要因は、実態としての空間や場所に対して、それを見る人間の側から分類すると、まず個人的な要因と生物的・社会的要因に分けられる。

個人的な要因としては「原風景論」というのがあり、子供のころ育った風景というものは原則として懐かしさを感じ、無条件に好むというものである。奥野健男が作家の〝原風景〟

と文学作品の関係性を論じているが、『文学における原風景』（集英社）では、原風景の成立は「フロイト的な個人の幼少年期」「風土的、伝統的、文学的風景観」「民俗集団的深層意識」があるとする。

社会的な要因としては、民族や地域の共通の文化的体験、あるいはそれを継承する文化的統合過程としての美術教育がある。美術教育では、国家的・地域的に継承すべき美を、次の世代にこれが美しいのですよと教化する。学ぶ側はこれが美しいものなのか、こうすれば美しいものがつくれるのかと学習している。馬場俊介は『景観と意匠の歴史的展開――土木構造物・都市・ランドスケープ』（信山社サイテック）で、構造物のデザインの個性が、地域の歴史的・時代的発展と継承によってどのように形成されたかを明らかにしている。

西洋の美学と呼べるものがある。時代や地域を越えて永遠で普遍に存在する「普遍の美」や自然が持つ特有の「崇高の美」などがあり、そこには「美的な形式の原理」として「多様の中の統一」がある。これは昔から美術の講義の中で、言われてきたものである。具体的な景観デザインの手法としては、特定のマスターデザイナーが全体を統一的にコーディネイトすることで、パリや多摩ニュータウンの例がある。

学校で教わる美しさの原理には民芸の美というのがある。これは時代や地域や民族が違うと価値観や美意識が異なることから、日本の地域的・民族的・伝統的な美しさの原理を明らかにするものである。柳宗悦は『工芸文化』（岩波文庫）で、渋さとか無事とか健康とか単純とか国民性などの美の条件、使い込まれて汚れたり傷ついた「手ずれ」、地方の伝統、民衆の無名の製品に美を見いだす。たとえば九州の柳川という水郷がある。伝統的に形成された板柵工や石積みの水路、水辺に覆い被さる樹木、水路に面して門と階段のある民家などは無名の作品であり本物であると考えるのだ。

生物的要因というのは、人間がサルから進化する過程で遺伝子として受け継がれてきた生得的な性質にベースをおき、育った環境の影響を受け、景観選考条件が形成されるというものである。人間生態学、生態心理学、進化心理学、脳科学からの分析がある。

生態学的美学の一つに「シンボリズム」がある。J・アプルトン『風景の経験』（菅野弘久訳、法政大学出版局）は、風景画を素材として人間にとって生存可能な空間というのはどういう特性を持つかを分析して、眺望と隠れ場を象徴する要素が適度に配置されている景観が良いとする理論を構築する。展望の開けた水面の河原に独立樹がある風景が典型である。

J・ギブソンは『生態学的視覚論』（吉崎敬他訳、サイエンス社）で、人間に行動を誘発させる空間の形態をアフォーダンスと呼んだ。水辺は、水を飲める、食料になる魚を取れる、浅いと入れるなど形態が人間に行動をイメージさせる。例えば階段を造れば、水辺へ近づけるという行動をアフォードし、魅力的な印象を与える。

流域から太田川を見る

◉川は流域を映す鏡

前節のような景観美学を踏まえた上で、川というものを考えてみよう。ここでは、広島市の市街地を流れる太田川をとりあげる。

川は流域を映す鏡である。川を見る前に先ずその川の姿と形をつくっている流域を見ることから始めたい。ところが、川の流域のことをまとめた流域誌や地形図は一般にはないに等しい。太田川でも流域誌はないが、『太田川改修三〇年史』（昭和三八年）、『太田川改修六〇年のあゆみ』（平成五年）、『太田川史』（平成五年）が太田川工事事務所から発刊されている。

日本各地の国が直接管理している大河川については、国土交通省の出先の事務所が調査資料をそろえ、「河川整備方針」や「河川整備計画」を作成しており、一部をホームページで公開している。流域の地図については、各事務所が事務所の概要や河川の管内図を発行している。管内図には河川管理上必要な情報、例えば河口からの里程、堤防、ダム・堰、雨量・水位・流量観測所、基準点などが載っており、その解説として、治水・利水・環境の状況が書かれている。また川に沿った空中写真集もあるので、川を知るには有効である。より専門家向けには「土地分類図」や主要河川の「治水地形分類図」が国土地理院から発行されている。

太田川の流域の概要を理解するために国土交通省河川局が発行している『太田川水系の流域及び河川の概要』(平成一九年)を見てみる。これは国土交通省中国地方整備局太田川河川事務所のホームページで見ることができる。

◉太田川流域の自然

太田川は源流部から柴木川など支流を集めて、中流部の可部《かべ》で根谷川、三篠川を合流し、下流部の市街地で太田川本川(旧太田川)、太田川放水路、天満川、元安川、京橋川、猿猴《えんこう》川に分派して瀬戸内海へ至る(図4)。標高一三三九mの冠山から河口まで幹線流路延長は一〇三kmで、上流部の地質が高田流紋岩と広島花崗岩で構成され、花崗岩が風化した「マサ土」は河口に溜まり三角州が形成された。広島市街地や太田川の河畔緑地の土を見ると薄茶色の「マサ土」であることがわかる。この土は水をかけると固まり、保水性が良いという特徴があり、庭などの園芸や壁土あるいは舗装材料などに使われる。地質的に花崗岩が多い関西では、地域の道や庭や土壁など色彩の基調が「マサ土」の薄茶色となっており、河川護岸や石積みに硬質の花崗岩は使われており、地域性を代表している。太田川の流域面積は一七一〇km^2で、およそ九〇%が森林であり、四%が谷底の農地、七%が中下流部の宅地である。流域人口は約一〇〇万人で、上中流域はかつてたたら製鉄や林業を営んでいたが、近代製鉄法や外材の輸入によって産業が厳しくなり高齢化・過疎化で人口減少が著しく、九五%以上が住む下流域は宅地開発などで緩やかに人口が増えている。つまり流域は自然が多く、中下流部の一部の地域しか都市開発がされていない。太田川の下流部の水質は、「生活環境の保全に関する環境基準」によると、代表的な指標ではBOD[3]二mg／ℓ以下のA類型に属し、猿猴川と放水路がBOD三mg／ℓ以下のB類型となっており、河口に立地する大都市とし

3　生物化学的酸素要求量。河川、湖沼などの水域における水中の有機物などの汚濁物質を分解するために、微生物が使う酸素の量を示している。化学的酸素要求量（COD）が海域や湖沼で用いられるのに対し、BODは河川の水質指標として用いられる。

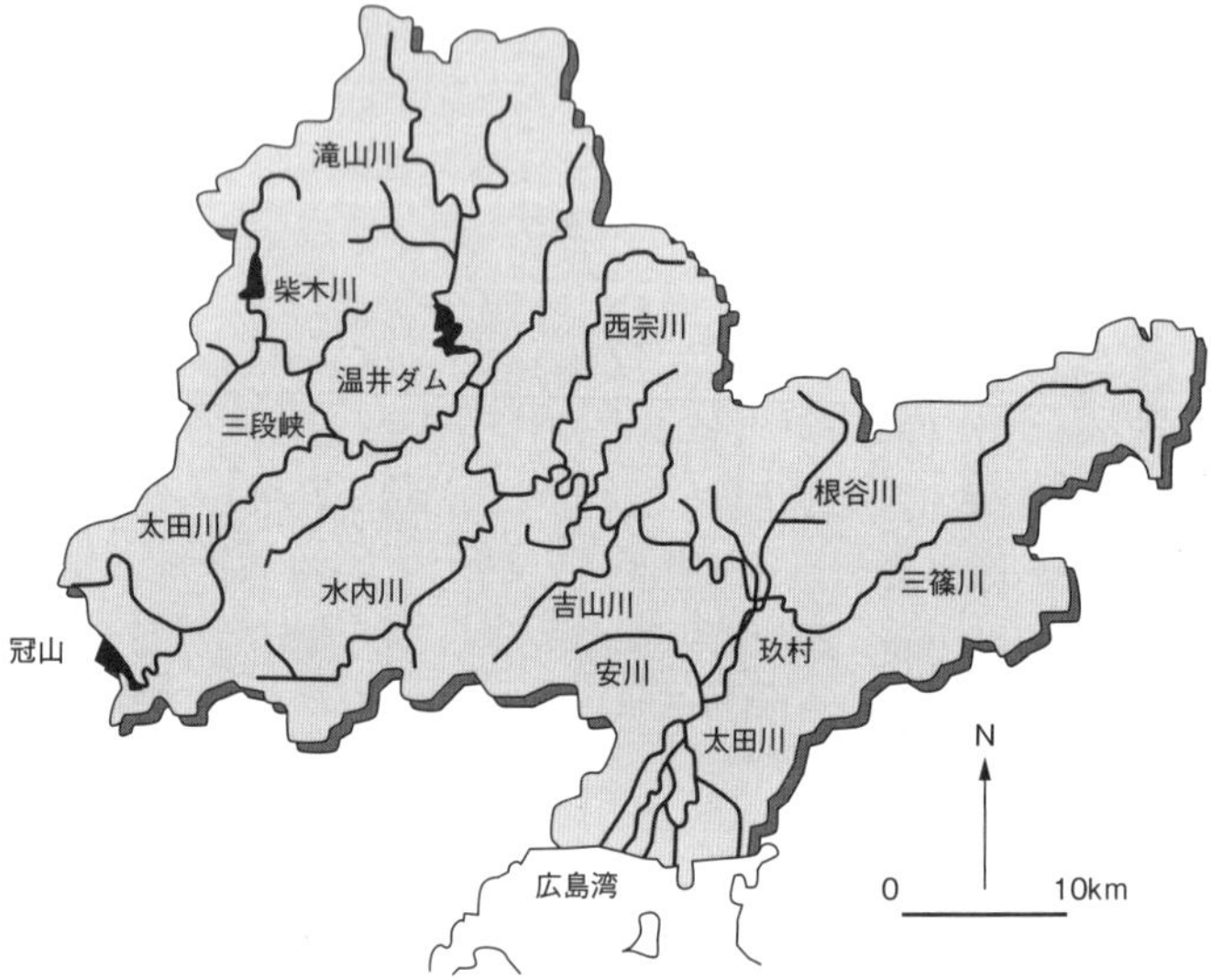

図4　太田川水系
太田川水系は、広島県廿日市市の冠山を源流とし、支川との合流によって広島市内に注いでいる。市内では太田川放水路と旧太田川に分流し、旧太田川は天満川、京橋川、元安川、猿猴川に分流し、デルタを形成して瀬戸内海に注ぐ。
左ページは広島市街地を流れる太田川水系。

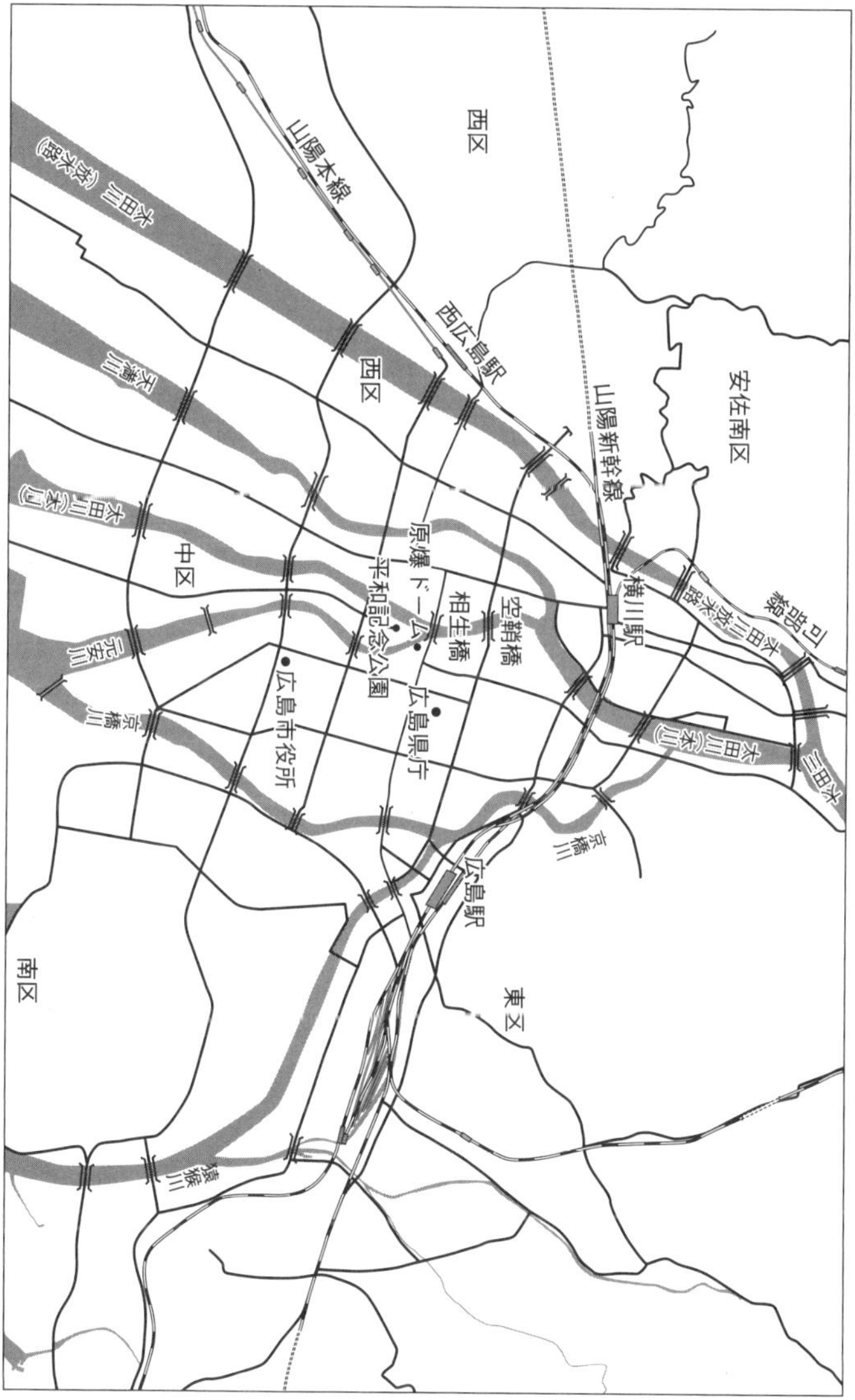
西区
山陽本線
太田川(放水路)
天満川
西広島駅
西区
山陽新幹線
安佐南区
中区
原爆ドーム
平和記念公園
相生橋
空鞘橋
横川駅
可部線
元安川
京橋川
広島市役所
広島県庁
京橋川
広島駅
東区
南区
猿猴川

ては良好である。流域の開発状況は結果的に川の水質に現れるのである。

流域の自然環境を見ると、まず柴木《しばき》川合流までの上流部では西中国山地国定公園に指定されており、豊かな森林と太田川がつくる滝と渓谷が幻想的な景観を呈している。特に柴木川の国指定特別名勝の三段峡では絶壁と五つの滝と二つの淵が「七景」として有名であり、渓谷の森林は新緑や紅葉時に行楽客で賑わう。上流域の植生は落葉広葉樹林の「ブナクラス域」に属し、ブナの原生林が残り、ミズナラからなる二次林やレンゲツツジが見られる。森林ではツキノワグマ、クマタカなど、水辺にはヤマセミ、河川にはオオサンショウウオ、アマゴ、カジカ、タカハヤなどがすみ、自然が豊かである。可部までの中流域では、植生は常緑広葉樹林の「ヤブツバキクラス域」で、湯木温泉や河川沿いの低地に集落が見られるものの、市街地開発はほとんどなく、中流部までは自然が残されている感がある。森林地帯には上流と同様の動物がすみ、河川では蛇行に伴う瀬淵が形成され、河原にはカワラハハコのような河川特有の植生が見られる。河川には、アユやオイカワ、アカザ、カジカ、オヤニラミ、サツキマスなどがすむ。国土交通省が発行する「太田川瀬淵マップ」には、沿川の集落や社寺やJR可部線をはじめ、有名な瀬淵の名称と特徴、釣り場など河原の四季の特徴が書き込まれている。このあたりの河川敷は広島市民の四季の行楽の場所となっている。大芝水門までの下流部では川沿いの低地には、祇園新道と新交通システムがはしり、山間部に新興の住宅地が開け、どこの都市にも見られる郊外の風景が展開する。旧河道の古川や安川など太田川と並行して流れる川は、緑地を生かして水辺の公園としての役割を持たせている。太田川の河道ではツルヨシ群落やアカメヤナギの樹林帯ができ、そこはサギなど鳥類の生息地となっている。河川ではアユの産卵場となり、スナヤツメ、スジシマドジョウ、アブラボテ、メダカなどがすむ。下流部の三角州域では干満の差で水位が二m以上毎日二回上下して、干潮時には干潟ができ満潮時には満々と水をたたえた川になる。人工的に掘られた放水路では両岸の高水敷に運動場がつくられ、河口には良好な干潟が形成され、塩性植物群落やシギ、チドリ、ミサゴなどの生息地となっている。市内派川では、川底にゴカイ、シジミやアサリがすみ、川にはスズキやマハゼなどの魚類がすむ。太田川は河口の広島の市街地内でも水質が良く、自然の豊かな川となっていることがわかる。また沿川に河岸緑地が造られ、水面と一体化した市民の憩いの場所となっている。

◉太田川の水害と水利用

太田川の水文《すいもん》4を見ると、まず源流の山地と下流の海辺では気候が大きく変わり、日本海型気候の山地部では冬の日本海からの季節風による降雪など年平均雨量は二四〇〇mmで、下流部の瀬戸内海気候地域では年平均雨量が一六〇〇mmと温暖小雨である。降雨は梅雨期の集中豪雨と九月の台風の時期に集中し、上流での土砂災害と下流部での洪水災害である。広島築城以来、太田川は水運や用水など地域を支えてきたが、洪水にはたびたび悩まされてきた。昭和三年（一九二八）の洪水での被害を受けて、太田川改修と広島築港を地元から提起し、国会での議決を受けて昭和七年（一九三二）に計画が決定された。治水計画は西原地点で計画高水流量四五〇〇m^3／秒を、安芸郡戸坂村と安佐郡原村付近で太田川の主流を分流し、山手川を開削し下流で福島川に繋ぐ放水路で三五〇〇m^3／秒を流し、残り一〇〇〇m^3／秒を旧太田川で受ける計画であった。工事は戦争による中断や漁業補償と立ち退き補償などで難航したが、戦後の洪水で計画を、玖村《くむら》地点で六〇〇〇m^3／秒、放水路四、〇〇〇m^3／秒、旧太田川二〇〇〇m^3／秒と見直し、三六年間の年月と一四五億円の費用をかけて、昭和四〇年（一九六五）太田川放水路がほぼ完成し、洪水被害は大幅に軽減されることになった。その後昭和五〇年（一九七五）工事実施計画を二〇〇年確率に再度見直し、基本高水[5]を玖村地点で一二〇〇〇m^3／秒とし、上流ダム群で四五〇〇m^3／秒を調節し、高水流量は七五〇〇m^3／秒としている。このように何度か計画が改定されてきたが、明治期からの近代的雨量・流量観測データから予想される洪水の規模を現実がたびたび上回ってきたことが一因とされる。また流域の都市開発により山林が舗装道路や住宅の屋根に替わり、下水管が完備することにより流域に降った雨が河川に集中して到達するようになったことも一因と考えられている。

瀬戸内海は潮の干満の差が激しく、普段でも二mの大潮時には最大で四mもの水面の高低差があるために、地盤の低い三角州の埋め立て地では、台風と満潮が重なるときの高潮の対策のために高い堤防の必要が生じた。昭和三四年(一九五九)の伊勢湾台風時に満潮と重なり、名古屋市で大きな被害があった経験をふまえて高潮対策が制度化され、太田川ではTP四・四〇mを計画潮位とする高潮堤防の建設が計画され、実施されている(TPは東京湾の平均潮位を〇mの基準にした高さ)。

太田川の水資源利用は、江戸期までは舟運や農業用水が主であったが、舟運は大正期には鉄道や道路に替わり、新たな発電と都市用水の需要が増加した。農業用水は中島用水(許可水利権)、八木用水(慣行水利権)、河の内用水(慣行水利権)等があり、約六〇〇カ所の取水施設があ

4　河川・湖沼・地下水など陸上の水の状態や変化、環境との関係を総称してこう呼ぶ。

5　洪水防御の計画の基本となる洪水量。河川の各地点に、ダムや遊水池、放水路など洪水量を調節する施設がない状態で流出してくる流量を指す。

り、約三一〇〇haの農地灌漑に利用されている。水利権ベースでは、発電用水が最大使用時で五四九・二m^3／秒（九五％）、次いで農業用水一七・五m^3／秒（三％）、上水道用水一〇・三m^3／秒（一・八％）、工業用水三・三m^3／秒（〇・六％）となっている。上水道は明治三一年（一八九八）に牛田村に近代的浄水場が建設された。水資源開発および取水施設としては、昭和五〇年（一九七五）に完成した高瀬堰、平成一四年（二〇〇二）に完成した温井《ぬくい》ダムがあり、給水区域には広島市をはじめ呉市、竹原市、江田島などで、給水人口は約六〇万人である。発電等のダムや取水施設は河川の減水による瀬切れや生息場所の減少、縦断の分断による移動の障害など、生物の生息に悪影響を及ぼすが、放流量の改善と魚道の設置などの対策が行われている。

広島の歴史と太田川

◉広島城下町の成立

都市の歴史は、一般に市史を見るとよい。広島市史は、『新修広島市史』（昭和三三～三七年）及び『広島新史』（昭和五七～六〇年）がある。

広島城下町の歴史を把握するために、ここでは広島市の発行する『広島被爆四〇年史都市の復興』（昭和六〇年）、『図説広島市史』（平成元年）、『被爆五〇周年図説戦後広島市史　街と暮らしの五〇年』（平成八年）を見てみる。

広島城下町のはじまりは、戦国時代に毛利輝元が秀吉と講和し、中国地方を支配し一一二万石の大名となったことに始まる（図5）。それまで居城としていた郡山城は広島から出雲への街道途中の吉田盆地にあった山城で立地条件がよくないことから、天正一七年（一五八九）太田川河口の広島に平城と城下町を築いたことによる。太田川三角州の土地は中世にかけては祇園、戸坂あたりまで砂州の平地があったが、広島城築時には海岸線は現在の平和通りあたりまで伸びていた。城はまず最も大きな中州に造ることとし、その地盤を固め、掘割《ほりわり》と城下の街割りを計画し、川辺の堤防を整備した。城下の都市計画は京都・大阪を模範に、城の周囲に掘り割りを巡らせ武家屋敷町で囲む。その外殻に町人町と寺社を配し、東西に走る西国街道及び北方へ抜ける雲石街道の沿道は町人町とした。毛利氏の後、江戸期には慶長五年（一六〇〇）に入封した福島正則が二〇年間で間城下の基礎を築き、そのあと元和五年（一六一九）に入封した浅野家が歴代二五〇年間藩政を確立した。広島城下町は海側へ埋め立てて「新開」の低地の開発が進んだ。治水事業については、城下側の堤防をより高くして洪水

図５　鎌倉期の毛利家城下町　「芸州広島之図」より
河岸は建物で占有されている部分と公共の空間として使用されている部分がある。
（出典：図説広島市史）

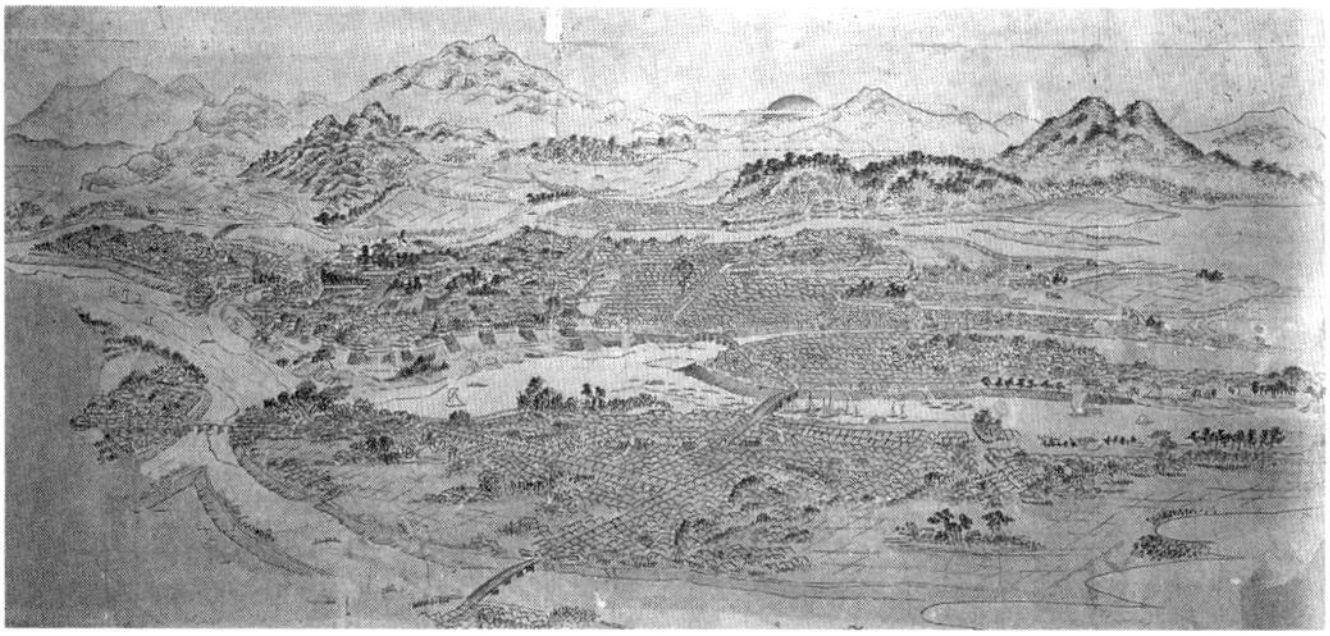

図6　江戸時代の頃、城下の太田川
広島城下を鳥瞰したもので、町並・寺社・橋・往還筋等が描かれている。文化年間(一八〇四〜一七年)の立野芳山による版画。(出典：図説広島市史)

は対岸へあふれるようにする「水越の策」、分派量や流れを固定するための「水制」の設置、水害防備林の整備、上流からの土砂堆積で流れの疎通を悪化させないために、上流でのたたら製鉄のために山を崩し、流しながら砂鉄をより分ける「鉄穴《かんな》流し」の禁止、河口での河床の砂を各町が分担して定期的に掘る「川掘り」の制度を設けることなどを進めた。

江戸期の新田開発の埋め立てで、江波山、黄金山は陸続きになっており、広島の市街地は、鎌倉期に草創して以来、明治期以降も、宇品までの干拓に加え、第二次大戦時の工場や空港用地が造成され、その後の干拓で次々に海岸線が沖合に延びていった。現在の広島の三角州地形は瀬戸内海の入り江に太田川という自然と人為による埋め立てによって成立している(図6)。

図7　軍都化する広島市
昭和初期、宇品港の築港をはじめ広島市は軍事施設中心の街となった。広大な敷地のなかに、第五師団司令部、歩兵十一連隊、野砲兵第五連隊、第五大隊などがあった。

◉軍都化する広島市

明治期以降の廃藩置県で浅野家広島藩は広島県となり、現在の広島市は明治四年（一八七一）広島区となり、当時人口は七万四千人余であった。その後明治二二年（一八八九）の市制で広島区は広島市となり、人口は当時八万三千人余であった。産業革命による近代化は、鉄道、電力、レンガ造洋館など都市景観を大きく変えた。明治一三年（一八八〇）、千田貞暁広島県令は宇品《うじな》築港と道路改修を進め、明治二二年（一八八九）宇品港が完成した。山陽鉄道は明治二七年（一八九四）に開通し、広島駅は大須賀村（当時）に設けられ、まもなく宇品港までの軍用鉄道が延伸された。広島は、中国地方の軍都として、広島城の周囲に第五軍管広島鎮台が置かれ明治一九年（一八八六）第五師団となった。明治二七年（一八九四）朝鮮での東学党の乱により第五師団は動員され広島市と宇品港は派兵と軍事補給基地の役割を担った（図7）。日清戦争は終結するが、北清事変（明治三三年）、日露戦争（明治三七・三八年）が続き、広島市では陸軍糧秣廠宇品支廠など軍関連の施設が続々と建設され、軍都の様相を益々強めた。軍事施設とともに都市基盤整備も進み明治三一年（一八九八）に上水道が建設され、軽車両の増加と合わせて大正元年（一九一二）には電車軌道が敷設され、外堀、平田屋川、西塔川の埋め立てによる道路の整備と架橋が進められた。一方可部線が明治四三年（一九一〇）、芸備線が大正四年（一九一五）に開通し、太田川の舟運は衰退した。市内には今も多くの「雁木《がんぎ》」と呼ばれる船着き場の階段が残っている。大正八年（一九一九）に制定された都市計画法は、広島市に大正一二年（一九二三）に適用され、都市計画区域、都市計画街路、土地利用計画、公園緑地、郊外部の土地区画整理事業などが決定されて建設が進められた。

◉原爆投下と平和都市

昭和六年（一九三一）から再び満州事変、日中戦争、太平洋戦争と一五年間に及ぶ戦争の時代に入った。そして昭和二〇年（一九四五）八月六日に広島への原爆投下がなされた。爆心は相生橋の東の細工町（当時）で、このために広島市は都心部を中心に壊滅した（図8）。戦後の戦災復興事業に取りかかるが、長嶋戦災復興局長は復興審議会を組織し、その場で種々多様なアイ

図８　戦前の市街航空図と原爆投下の被害

原爆投下により、広島市街は壊滅的被害を受けた。爆弾が爆発して三〇秒後には、広島市内はたちまち大火災となり、爆心地から二km以内はすべて燃え尽くした（写真上方の黒くなっている部分）。広島の河川の復興は、マイナスから始まったといえるだろう。

ディアが議論された。当時は河岸緑地の案もその中で生まれており、合意に達していた。しかし、法定の復興計画では、都市計画街路、都市計画公園、土地区画整理区域で、河岸緑地はなかった。このときもう一つの緑の骨格である一〇〇m幅の「平和大通り」は図面にあり、さらに南の海岸側にももう一本が計画されたが実現には至っていない。復興院では当時、市街地の一〇％程度を緑地にするという考え方であった。復興事業は開始されたが、財政が悪化し国の援助もなく、バラック建築が増加し、土地区画整理事業は難航した。そこでこれを打開するために、「広島平和記念都市建設法」を企画し、市長と議会は、ＧＨＱの中枢部へ訴えて理解を得るなど国へねばり強い陳情をして昭和二四年

（一九四九）衆議院を通過する。その後試案の計画策定が行われ、昭和二七年（一九五二）都市計画広島地方審議会において「広島平和記念都市建設計画」は決定された。区画整理事業が進むにつれて多くの児童公園が追加決定され、構想されていた河岸緑地はこのときに正式に決定された。またこのとき「臨水公園」としての構想の「中島公園」は「平和記念公園」となり、コンペの結果、丹下健三が設計する原爆ドームとの結びつきを強化されたプランに至った。原爆ドームはその後も存廃の論議が続いたが、結論として残すことになった。昭和二七年（一九五二）にはイサム・ノグチによる平和大橋が完成し、平和記念公園は昭和三四年（一九五九）には残った住居が撤去されてほぼ完成し、平和大通りは昭和三二年（一九五七）からの供木運動により緑化が進んだ。東部復興土地区画整理事業は昭和四五年（一九七〇）に、西部復興土地区画整理事業は昭和四七年（一九七二）に第二工区の換地を終えてほぼ終了した。戦災復興が大詰めになり、駅前の不法住宅の撤去と河岸緑地整備そして基町の再開発が残った。まず河岸の不法建築の撤去が開始され、昭和四一年（一九六六）的場地区を皮切りに次々に撤去されていき、昭和四四年（一九六九）基町河岸を残すのみとなった。たびたびの火災の後、基町の不法住宅建築は、長寿園・基町高層住宅への移転で昭和五三年（一九七八）ようやく全てが完了した。

広島市は、周辺市町村を合併して人口が八〇万人を超え、昭和五五年(一九八〇)政令指定都市になる。昭和五六年(一九八二)都市美計画を策定し、建築物等景観形成協議制度、平和通り沿道建築物等美観形成要綱、リバーフロント建築物等美観形成協議会など次々と景観形成施策が打ち出された。広島女学院前の藤棚を整備する、市内に立派な楠を茂らせる、広島らしい景観としての花崗岩を素材に使った景観づくりなどが進められ、市内の景観が美しく改善されてきた。平成六年(一九九四)広島アジア競技大会が開催され、ボランティアが活躍した。また広島駅周辺の再開発事業とあわせて京橋川、猿猴川河岸緑地の整備が進められた。平成一三年(二〇〇一)紙屋町にはファッション街と駐車場を備えた複合的地下街が誕生した。平成二一年(二〇〇九)広島市民球場は中央から貨物ヤード跡地へ移転し、旧広島市民球場の跡地利用が検討されている。

太田川基町護岸の整備とその後の展開

◉基《もと》町護岸と整備方針

昭和二〇年(一九四五)原子爆弾によって廃墟と化した広島市は、広島平和記念都市計画法の施行によって、順調に復興し、戦後には急速な発展をとげ、人口一〇〇万人を突破する中国地方の中枢都市となった。戦災復興計画での河岸緑地整備が徐々に進められたが、最後に駅前と基町が残り、昭和五三年(一九七八)ようやく、不法占拠住宅の撤去が完了した。当時は、全国的に水と緑のオープンスペースとして河川への期待が高まっていた時代であり、特に広島は高潮対策のために河川の堤防を嵩上げしなければならなかった。東京隅田川のコンクリートの壁ほどではないが都市と河川を分断することが懸念され、河川護岸の整備は重要な課題となった。昭和五一年(一九七六)建設省太田川工事事務所(当時)から、東京工業大学の助教授中村良夫氏(当時)に太田川の景観計画の調査依頼があった。調査はその後三年間続き、並行して基町護岸の設計が行われた。ここでは若者も関わった基町護岸の整備アイデアが川と都市の一体化したまちづくりへと発展した太田川護岸の経緯を紹介する。

◉整備方針

まず河川景観は市民にどのように認識・評価・利用されているのかを知るために、建設省太田川工事事務所(当時)により、「景観から見た太田川市内派川の調査研究」(昭和五二年)のイメージ調査が行われた。その結果は河岸には緑地が戦災復興計画の折に計画され形成されているが、必ずしも都市と河川とのイメージの結びつきは強くないという結果であった。そこで基町護岸の設計において沿川の中央公園、広島城、高層集合住宅などの景観を取り入れた河岸の親水設計を行うことは、この代表的な地区のみでなく広島市全体の都市イメージ強化の観点から重要であると判断された。

基町の空鞘橋《そらざやばし》下流左岸では、整備前の石積みの護岸と水制工が原爆を被爆してもろくなってはいたが、原形を留めており、この歴史的な景観を継承することもその意義が大きいものと考えられた。そうしたことから、まず空鞘橋下流区間では既存の護岸を復元するという「案1」、それに若干変形をして小規模な船着き場を設け親水性を持たせる「案2」、そして水辺を歩ける連続的なテラスを設ける「案3」の三案が提案された。そして、結果的には「案3」の連続テラス案が採用された。

空鞘橋上流区間では、既に護岸はスリットの入ったコンクリート護岸となっていたため、また下流部とは周囲の景観の違いから異なる整備方針が採用された。

◉デザイン目標

空鞘橋上流左岸は、寺町を対岸に望み広島市北部の中景の山並みが川面に映え、都心からやや離れ、中央公園の緑と住宅棟が並んだ落ち着いた景観である。それゆえ堤防から低水護岸までを伸びやかな寺勾配のり面として、背景の公園の緑に合わせるとともに、凸型の法線の膨らみを生かし、全体として、ゆったりとして閑雅な山紫水明景が目標とされた。空鞘橋下流左岸は、堤内に美術館、博物館、広島市民球場等のシビックセンターが控え、平和公園や原爆ドームや中心商業地に近い都心部である。加えて対岸からの眺めには、広島城が借景される位置にあることから、単調になりがちな河川堤防に対して、アーバニティの高い堀込河道として、格調の高くメリハリの利いた直線的な間知石垣をモチーフに使っている。

空鞘橋の上下流は異なったコンセプトを採用しているが、低水護岸(テラス部)は同じ川筋の統一感を持たすために、親水性の強い玉石積みで通した。これにより空鞘橋下流側では低水護岸天端テラスと間知石垣の二層構成になり、親水感を深めた。上流部では低水護岸天端に設けたテラスから水辺に階段を落とし、下流部では既存の水制を組み直して、親水性をほのめかしており、階段を乱用することが避けられている。

◉空間デザイン

空鞘橋上流部では堤防と高水敷を緩い勾配で一体化する設計とし、全体になめらかな空間としているが、低水護岸天端付近では土工に微妙なひだをつけて、座り心地を良くしてある。一方下流部は河道法線が凹型であるため、約四〇〇ｍの護岸法線全体の見通しがきき、単調になりがちである。このため、水制工張り出し部の河積に余裕を持たせる意味を兼ねて、上部直線護岸を二カ所切り欠き、緩斜面土工として空間の分節化をねらっている。土工のり尻は石垣土留めとして、要所に小階段を切り込み、テラス部へ繋げている。こうすることにより、テラス部の長大空間と並んで随所に、ヒューマンスケールの入隅、出隅、上段下段と変化に富んだ多層分節構成となる。ここでは休息、散策、釣りなどの日常活動の他、花見、灯籠流しなど様々な水辺活動を、個人、小グループ、大グループそれぞれに独立して楽しめるように仕立てている。

◉細部デザイン

このように水際部、低水護岸天端、堤防のり肩、上部護岸天端出隅、護岸低部入り隅、切り込み石段、既存樹木の陰などに多くの開放と閉鎖の交錯する視点場が設定された。それぞれの素材も切石と割石、磨きだしと荒仕上げ、芝生と野面石など変化をつけている。ほとんどの石積みは練り石積みであるが、下流部のテラスの部分のみは切石を張って、裏込めのコンクリートを入れず、石の間から雑草が生えて柔らかい感じが出るように工夫された。なお戦前からの歴史を含む被爆した石でも利用可能なものを再利用するようにお願いしたが、実際には可能な強度のものは少なかった。現場で良く探してみると、赤茶けた花崗岩がいくつかは発見できる。河川では都市公園と異なるデザインの工夫をしている。例えばベンチであるが、いわゆるベンチではなく、河床から出た転石を据えた石、微妙な凹凸を設けた斜面の土工、危険でない高さの護岸の角などは座れるようにし、逆に危険な高さの天端角は植栽と柵を植栽の中に埋め込んで遮っている。玉石張りの低水護岸は緩やかにカーブして水の中に向かっている。上から見ると徐々に危険を感じるはずで、柵を設けずに安全を示唆している。眺望が開けて走って寝ころびたくなる芝生広場、落ち着ける入り隅を用意し、何とか残したポプラとニセアカシヤの樹木はシュルター効果を期待している。これらは眺望－隠れ場理論や行動をほのめかすアフォーダンスの理論を用いている。環境が与えている意味を重要視するのである。

石材を使用したのは、何よりも太田川の他の護岸の多くが花崗岩の石積みを使用していることによることと、整備の場所が以前にそうであったことによる。またこの広島市の顔となる場所で、石材の表面仕上げによって変わる味わい深いテクスチャーと、耐久性とを兼ね備えた素材の利用が欠かせない。瀬戸内海産の花崗岩は時を経て褐色に変わり、味わい深い。また整然としていながら、表面は荒々しい切石と転石の丸みのテクスチャーの対比も相互に引き立って味わい深いはずである。要所に転石の矢羽積みの曲面と切石の平面とを組み合わせて変化を出す。階段は直線的で玉石の曲面とはおさまりが悪いので、切石の面を一旦設けてそこに付属するように秩序立てられている。テクスチャーは足の裏や近くで見たとき最も効果があり、およそ一〇〇m離れた対岸から見ると切石や玉石の表面の違いはわかるが印象は遠のき、階段などから構成される分節化された空間の形の効果が現れる。

戦後、原爆によって家を失った人々が基町一帯と河岸に住み着き、スラム化していた。基町の市営高層団地が建設されるにつれ、そこへ住居を移してスラム跡地は中央公園としてよみがえった。空鞘橋上流部は、隣接する中央公園との間に連続性を持たせたかったが、間の

1965年3月

1976年11月

1974年3月

1983年4月

1975年2月

1988年1月

図９　太田川相生橋付近の工事〜完成まで

一九六五〜八八年までの相生橋工事の様子。もともとはバラック小屋が立ち並んでいた河岸もずいぶん整備され、今では街と風景が一体となった美しい景観をつくりだしている。(「河岸の戦後史４　本川」(広島都市生活研究会)より転載。撮影：大段徳市)

道路をなくすことができなかった。上下流の過去の姿を継承し、護岸の歴史に新たな景観で迎えたい。都市の中の川辺は、なんといっても広く、こころやすらぐ場所である。人が少ないのがその魅力であり、贅沢な空間である(図9)。

◉完成後の展開――水辺事業の継承

基町護岸は基本設計後に実施設計が進められ、旧太田川左岸の基町地区、相生橋から上流の約八八〇mの区間について昭和五四年度(一九七九)に着手し、全体工事費約四億四千万円を投じて昭和五八年(一九八三)一〇月に完成した(図10、11)。

その後、護岸のテラスが人気を博し、昭和六〇年(一九八五)下流左岸の船着き場テラス、昭和六一年(一九八六)元安橋下流の平和公園側に小テラス二基と天満川天満橋詰めの小テラスが、昭和六二年(一九八七)に元安川原爆ドーム前小テラスが造られた。元安川原爆ドーム前は毎年原爆の供養の灯籠流しと、平和のフェスティバルが行われる。さらに平成八年(一九九六)元安橋の上流右岸の平和公園側、などが続いて完成した。また空鞘橋の下、平成一一年(一九九九)には相生橋の下をテラスで結び、橋の上で道路を渡らなくてもすむように、通りやすさが大幅に改善された。平成二年(一九九〇)に国・広島県・広島市の共同で策定された、

図10　太田川流域(基町付近)
基町付近を空撮した写真である。太田川流域は整然とした街がつくられ、緑地や公園が広がっているのがわかる。(写真：国土交通省太田川河川事務所)

図11　元安川テラス
元安川は、広島のシンボル・平和記念公園と原爆ドームの間を流れる。記念公園側の河岸では、毎年八月六日に「燈籠流し」が行われたり、ミニコンサートが催されるなどして、市民の憩いの場として定着している。護岸は階段状になっており、干潮時にも安全に水辺にアプローチができるよう、捨石・玉砂利が敷きつめられている。

「水の都整備構想」では、「水辺をつなぐ」「水辺で遊ぶ」「水辺に文化を」「水辺にすみ・働く」「水辺をつくる」「水辺を美しく」といった六項目の目標がかかげられており、橋の下のテラスはその構想に沿ったものである。戦後復興で企画された河岸の緑地は延伸しつつあり、水辺と一体的に着実に進められている。

平成元年(一九八九)から平成五年(一九九三)までには、広島城の内堀の浄化事業が行われた。太田川本川の基町護岸から水を取り入れ、中央公園を通して堀の中で吐き出し、堀から取り入れて中央公園を抜けて太田川へ戻すものである。中央公園では一部せせらぎ河川として地上を流している。

中流部の古川では土地区画整理事業が昭和四三年(一九六八)より進められ、昭和六二年(一九八七)都市計画決定、事業認可となった。都市公園は河川に接して設けられ、昭和六三年(一九八八)の第二古川「せせらぎ公園緑地整備」も自然をなるべく生かすおとなしいデザインで進められた。その後地元のまちづくりと協議しつつ、第一古川の整備が多自然型川づくりとしての自然配慮型の工夫により計画され、平成七年(一九九五)に整備開始され平成一一年(一九九九)に概成している。

一方、県管理の京橋川にもテラスが完成し、水辺の市営住宅が川に顔を向けた住宅地のデザインを行った。また国管理の太田川本川下流の市場跡の整備と市のアステールプラザの完成と船着き場の整備、天満川下流の舟入地区の高潮堤のテラスが完成した。

さらに平成一七年(二〇〇五)本川下流の河原地区、元安川下流の羽衣地区にテラスが完成した。デザインは、わざと石張りを盛り上げたところは若干奇をてらった感がないでもないが、花崗岩を基盤に使って緑の斜面を添えたもので、完成度が高いものである。

◉水辺の市民活動の展開

その後の展開は水辺に関心を持つ市民活動やNPO活動が活発になる。

平成一五年(二〇〇三)、故郷の広島へ戻った隆杉純子さんを中心にして、「ひろしま川通り活用委員会セアック(CAQ)」が設立され、めざましい活動を続けている。(http://www009.upp.so-net.jp/caq/)

平成一五年(二〇〇三)三本の水辺の道をとりあげて愛称を付ける「川通りの命名プロジェクト」を行い市民から名前を募集した。そのときに空鞘橋上流部の道が「ポップラ通り」と命名され、そこが活動の拠点となった。ところが平成一六年(二〇〇四)九月七日の台風一八号で、むなし残したポプラが倒れた。市民のボランティアによる手当により再び植え直されたが、むなし

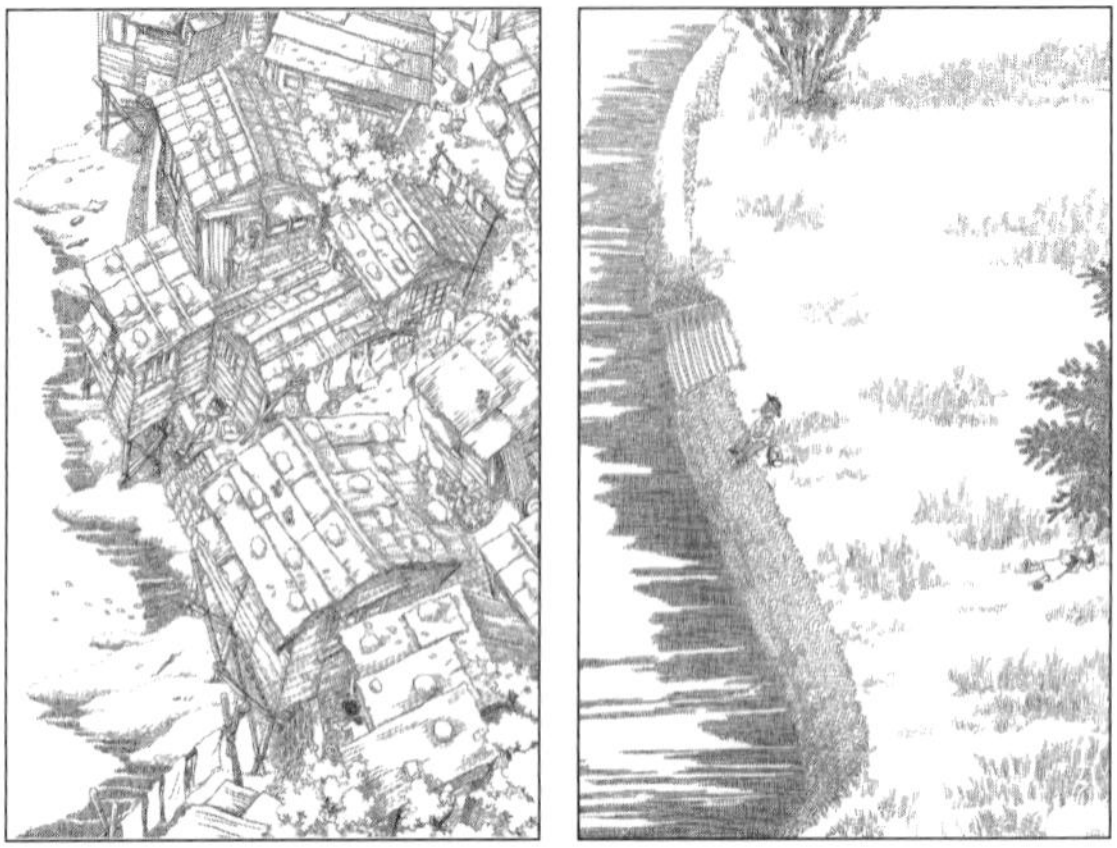

図12 『夕凪の街、桜の国』に描かれた基町（こうの史代、双葉社）
漫画内のワンシーン。昭和初期・現代の太田川流域（基町）が描かれている。この作品は文化庁メディア芸術祭マンガ部門大賞、手塚治虫文化賞新生賞を受賞し、二五万部の大ヒットとなった。

く枯れてしまい、現在はそのベビーの「ヤング・ポップラ」が六mに育ち、市民団体のポップラ・ペアレンツ・クラブにより育てられている。同年には「太田川・水辺のデザイン展」が開かれ、市民、太田川河川事務所、当時の設計者を交えて、設計の記録の展示、見学とシンポジウムが開かれた。また基町護岸の空鞘橋上流部の広場では、平成一八年（二〇〇六）ポップラ・ピクニックカフェを開き、その後も継続している。平成二〇年（二〇〇八）には「第一一回ひろしま街づくりデザイン賞」を受賞した。

広島の被爆二世を題材とし、戦後の基町のバラックと現代の東京とを重ねた漫画、こうの史代「夕凪の街、桜の国」が「漫画アク

図13　雁木タクシー
NPO法人雁木組による水上タクシー。一〇〜一七時(原則)の時間帯で街中の川を行ったり来たりしている。車のタクシーのように、手を挙げて止めれば岸から乗ることもできるし、電話で迎車ならぬ迎船を頼むこともできる。

ション」に平成一五年(二〇〇三)から一年間連載され、平成一六年(二〇〇四)双葉社から単行本として発行され、好評を博して「第八回文化庁メディア芸術祭マンガ部門大賞」を受賞している(図12)。これを佐々部清監督が映画化した。セアック(CAQ)は、平成一九年(二〇〇七)と続けて平成二〇年(二〇〇八)にも、ロケ地である基町護岸で上映会を開き、平成一九年(二〇〇七)には「夕凪コンサート」を開いている。

平成一六年(二〇〇四)河川利用の特例通達により、水辺の公共用地を社会実験として民間に貸し出す事業が行われた。広島市では京橋川右岸に五カ所のオープン・カフェ、元安川オクトカフェ、パラソル・ギャラリー(アートのフリーマーケット)がオープンした。

平成一六年(二〇〇四)、NPO法人雁木組《がんぎぐみ》が設立され、モーターボートで川を移動する「雁木タクシー」(図13)の運行が開始された。さらに歴史的な雁木(水辺の階段)の調査と保存、シジミのブランド化、雁木マップ、清掃活動、菜の花燃料プロジェクト、観光ガイド船、黒田征太郎『水の記憶』出版など、精力的な活動を続けている。

長い長い物語

このように広島の太田川とまちづくりは、国・広島県・広島市の行政と広島市民の永遠に続く物語である。

また専門家として東京工業大学の中村良夫氏とその研究室の卒業生は、太田川と広島市のまちづくりの機会に関わりを持ってきたし現在も続いている。初めて中村良夫研究室が縁を持ったのは昭和五一年(一九七六)であった。すでに三〇年を超えるほどの長期間にわたって大学の研究者やその弟子の卒業生が、一つの河川と都市に深く関わってきたことは珍しいことかもしれない（篠原修『ピカソを超えるものは――評伝鈴木忠義と景観工学の誕生』技報堂出版）。セアックの方々をはじめ市民国体やＮＰＯの皆様とは、今もお付き合いが続いている。次世代のポップラを見守っていかなければならない使命もある。

旧広島市民球場の跡地と商工会議所の行方、世界遺産の原爆ドームと周辺の景観管理など次々にあたらしい課題も生まれる。今後の期待を込めて、三つだけ希望を記しておこう。

第一は中村良夫氏の悲願ともいえる都市、とりわけ中央公園をはじめとする沿川の公園や施設と太田川との一体化である。中央公園をいずれ見直す機会が訪れるであろう。そのチャンスに必ず達成できるであろう。

第二に広島市の河岸の全域に緑地を充実させて連続させることである。これは、既に「水の都構想」として、組み込まれており、現実に下流部への整備事業が徐々に進展していることから間違いないであろう。

第三にいつまでも何世代にもわたってポップラの命を繋いでいきたい。それは市民と太田川、河岸線地の生き物すべてのつながりの継承の象徴に他ならない。

広島の太田川は、まさに永遠に続く時を越えた人と自然の長い長い物語なのである。

あとがき

世界の河川は、褐色(赤)、黒、白、透明の四色に大別される。私は、調査を続けているうちに、世界の河川を水質だけで区分することに疑問を感じてきた。日本の河川の常識では、濁った河川、黒い河川、汚れた河川は生物相が貧弱というイメージを持ってしまう。けれども、それは日本の川文化から見た価値観であって、世界の淡水魚の大部分は、褐色や黒い河川に生息し、濁りや汚れに強い魚であることが分かってきた。

水質だけにこだわることによって、かえって魚や生物がすみにくい川づくりをしてしまう危険性が日本にはあるのではないだろうか。

本書では四人の筆者が生物、土木、景観、歴史文化から河川をみてきた。いい河川を見つけたい、いい河川にしたい、いい河川とはなにか、と問いかけ続けてきた。その上でこれまでの自然の保全、管理はこれでよかったのか、これからは何をしないといけないかとの想いを書き記した。それぞれの熱い想いを共通の言葉をつかって科学的に説明することに専念した。なぜなら、美しい川が評価され手を加えた景観が風土になり、やがて風景になっていくためには、そこに生活している人の生活と歴史が重ならなければならないからだ。

島谷氏、北村氏のお二人の工学者は、日本の川文化が過去の優れた文化的背景に担われていることを強調されている。日本の文化を壊すことなく技術の力によって美しい景観をつくりあげることを実践されてきた方々である。

手が加えられた河川に、野生生物が生息し、それがホタルやトンボだったら、風土として評価される。ホタルやトンボは生物多様性や自然保全の目標としてではなく、日本人の心の中での文化的評価の対象になっているからである。筆者はホタルやトンボが景観をこえて風土の要素のひとつとしての重みをもち、河川の文化的多様性を担っていることを認めている。その上で、風土を形成するには、その土地がはぐくんだすべての野生生物の生活史がつながり、生産性が継続されてこそ可能になることを説いている。文化的評価を受けた風土がやがて風景として評価されるのは、北室氏の語る川文化の歴史から明らかにされたと思う。

これからの河川のあり方を決めるのは私たち科学者だけの仕事ではない。ましてやお役所の方々だけの仕事でもない。その地域の人たちが、土地の顔である河川がどんな姿であってほしいかを決めるしかない。有史以来私たちは河川と何千年もつきあってきた。河川を考えることは、つまりそこで生活する人たちの文化の質と価値観の問題なのである。ここで「川の流域の人々」について一言付け加えさせていただこう。日本の国土に住んでいる以上はいずれかの流域に属しているはずだから自宅の近所に川がないからといって「川の流域の人々」ではないと考えないでいただきたい。「川の流域の人々」すなわち、河川の恩恵に浴している私たちと、河川にすむ野生生物はその生活史を通して河川の過去、現在、さらに未来をつないでいくのではないか。本書では、河川の流域の人すべてに日本の河川がどうあるべきか問いかけた。筆者らの問いかけをきっかけとして、流域の人々の河川への対し方が川文化、自然、生物にとってプラスになるよう願いをこめてやまない。

二〇〇九年五月吉日

森下郁子

●プロフィール●

森下郁子（もりした いくこ）

社団法人淡水生物研究所所長。

奈良女子大学理学部動物学科卒、工学博士。兵庫県河川審議委員、応用生態工学研究会副会長、環境技術学会副会長、日本河川協会理事、国土技術研究センター理事などを歴任、大阪産業大学教授などを経て現職。専門は、陸水生態学、比較河川学、ダム湖学。

著書に『川の健康診断』（NHKブックス）、『環境を診断する』（中公新書）、『川にすむ生き物たち　川と人間シリーズ』（農文協）、『共生の自然学　川と湖の博物館シリーズ』（森下依理子との共著、山海堂）、『川の話をしながら』（創樹社）、『川のHの条件』（森下雅子・森下依理子との共著、山海堂）、『川の魚　川の学校シリーズ』（森下依理子との共著、学研）など。

北室かず子（きたむろ かずこ）

ノンフィクションライター、編集者。

筑波大学第二学群比較文化学類卒。婦人画報社（現・アシェット婦人画報社）で女性月刊誌編集に携わる。徳島の地域情報誌「アーサ」編集長を務めた後、札幌を拠点に北海道の自然、文化を取材。JR北海道車内広報誌「THE JR Hokkaido」の特集企画・執筆を担当。

共著に『北の命を抱きしめて――北海道女性医師のあゆみ』（ドメス出版）、『学校では教えない日本地図のふしぎ発見100』（講談社）など。

島谷幸宏（しまたに ゆきひろ）

九州大学工学研究院環境都市部門教授。

九州大学大学院工学研究科修士課程修了。昭和55年建設省に入省、同省土木研究所で河川の研究に携わる。河川環境研究室長を経て、九州地方整備局武雄工事事務所長を務め、平成15年現職に転身。専門は、河川工学、河川環境。

著書に『河川風景デザイン』（山海堂）、『河川環境の保全と復元――多自然型川づくりの実際」（鹿島出版会）、共著に『水辺空間の魅力と創造』（鹿島出版会、土木学会著作賞受賞）などがある。

北村眞一（きたむら しんいち）

山梨大学大学院医学工学総合研究部教授。

東京工業大学大学院博士課程修了、工学博士。山梨大学助教授を経て、現職。専門は、景観工学、都市・地域計画。「太田川基町護岸」によって土木学会デザイン賞特別賞受賞。

ウェッジ選書　36

川は生きている―川の文化と科学

2009年6月20日　第1刷発行

【編著者】……………………森下郁子
【発行者】……………………布施知章
【発行所】……………………株式会社ウェッジ
〒101-0052　東京都千代田区神田小川町1-3-1　NBF小川町ビルディング3階
電話：03-5280-0528　FAX：03-5217-2661
http://www.wedge.co.jp　振替00160-2-410636

【装丁・本文デザイン】…………笠井亞子
【DTP組版】……………………美研プリンティング株式会社
【印刷・製本所】………………図書印刷株式会社

※定価はカバーに表示してあります。ISBN978-4-86310-051-0 C0340
※ 乱丁本・落丁本は小社にてお取り替えします。

ウェッジ選書

1 人生に座標軸を持て
松井孝典・三枝成彰・葛西敬之［共著］

2 地球温暖化の真実
住 明正［著］

3 遺伝子情報は人類に何を問うか
柳川弘志［著］

4 地球人口100億の世紀
大塚柳太郎・鬼頭 宏［共著］

5 免疫、その驚異のメカニズム
谷口 克［著］

6 中国全球化が世界を揺るがす
国分良成［編著］

7 緑色はホントに目にいいの？
深見輝明［著］

8 中西進と歩く万葉の大和路
中西 進［著］

9 西行と兼好――乱世を生きる知恵
小松和彦・松永伍一・久保田淳ほか［共著］

10 世界経済は危機を乗り越えるか
川勝平太［編著］

11 ヒト、この不思議な生き物はどこから来たのか
長谷川眞理子［編著］

12 菅原道真――詩人の運命
藤原克己［著］

13 ひとりひとりが築く新しい社会システム
加藤秀樹［編著］

14 〈食〉は病んでいるか――揺らぐ生存の条件
鷲田清一［編著］

15 脳はここまで解明された
合原一幸［編著］

16 宇宙はこうして誕生した
佐藤勝彦［編著］

17 万葉を旅する
中西 進［著］

18 巨大災害の時代を生き抜く
安田喜憲［編著］

19 西條八十と昭和の時代
筒井清忠［編著］

20 地球環境 危機からの脱出
レスター・ブラウンほか［共著］

21 宇宙で地球はたった一つの存在か
松井孝典［編著］

22 役行者と修験道――宗教はどこに始まったのか
久保田展弘［著］

23 病いに挑戦する先端医学
谷口 克［編著］

24 東京駅はこうして誕生した
林 章［著］

25 ゲノムはここまで解明された
斎藤成也［編著］

26 映画と写真は都市をどう描いたか
高橋世織［編著］

27 ヒトはなぜ病気になるのか
長谷川眞理子［著］

28 さらに進む地球温暖化
住 明正［著］

29 超大国アメリカの素顔
久保文明［編著］

30 宇宙に知的生命体は存在するのか
佐藤勝彦［編著］

31 源氏物語――におう、よそおう、いのる
藤原克己・三田村雅子・日向一雅［著］

32 社会を変える驚きの数学
合原一幸［編著］

33 白隠禅師の不思議な世界
芳澤勝弘［著］

34 ヒトの心はどこから生まれるのか――生物学から見る心の進化
長谷川眞理子［編著］